「笑っていいとも!」とその時代

太田省一
Ota Shoichi

a pilot of wisdom

目次

「名古屋ネタ」と攻撃的知性
攻撃的知性の屈折が生んだ「国民のおもちゃ」
「ネアカ」と「ネクラ」
タモリが理想とした「無」
80年代とタモリ、その重なりとずれ

第4章 視聴者を巻き込んだテレビ的空間——芸人と素人の共存と混沌

素人に支えられていた『いいとも!』
タモリは素人にどう接したか
視聴者参加番組小史——70年代まで
萩本欽一がもたらした「素人の時代」とその後
プロと素人の共存から生まれる混沌の魅力
ナンシー関が見た舞台裏
テレビにおける余白の意味——ネット時代のなかで

第7章 『いいとも！』と「お笑いビッグ3」——タモリ、たけし、さんまの関係性

『笑ってる場合ですよ！』の〝失敗〟

「楽しくなければテレビじゃない」と〝面白至上主義〟

『ひょうきん族』が実現したお祭り空間

なぜ「内輪の笑い」なのか？

『いいとも！』はテレビがつくった「広場」だった

オープニングに〝乱入〟したたけし

「お笑いビッグ3」誕生の瞬間

珍しく受け身だった『いいとも！』のさんま

たけしがタモリに贈った〝表彰状〟——共通点としてのニヒリズム

「ビッグ3」の空気感

・本文中の肩書きは当時のもので、敬称は省略した場合がある。

はじめに　なぜいま『笑っていいとも！』なのか？　1982年のテレビジョン

1年ほど前、私のようなかつての「テレビっ子」にとって時代の節目を実感させる出来事があった。レモンを持って微笑《ほほえ》む芸能人の表紙写真でお馴染《なじ》みの週刊テレビ情報誌「ザテレビジョン」が2023年3月をもって休刊になるというニュースである（ウェブ版は存続）。

いまやテレビ番組表は少し先のものでもインターネットなどで簡単に見ることができる。その意味で、とりたてて不都合はない。だが、毎週発売日にテレビ情報誌を買ってワクワクしながら見たい番組に赤ペンで印をつけていた時代を知る身にとっては、やはり一抹の寂しさがある。

この「ザテレビジョン」が創刊されたのは、1982年9月。週刊テレビ情報誌としてはすでに老舗《しにせ》の「週刊TVガイド」（1962年創刊）も存在したが、「ザテレビジョン」はグラビアの充実など10代や20代を中心とした若者向けの誌面づくりを打ち出し、部数的にも「週刊TVガイド」と肩を並べる存在になっていく。この成功に倣うかのように、1980年代には多くのテレビ情報誌が創刊された。その事実は、1980年代前半のテレビが若者のメディアであったことを物語る。テレビは、時代の最先端を行くメディアだったのだ。

こうした時代のなか、「ザテレビジョン」の創刊から間もない1982年10月、お昼にフジテレビの新番組が始まった。タモリがMCを務める『森田一義アワー 笑っていいとも！』（フジテレビ系。以下、『いいとも！』と表記）である。本書は、この番組について多面的に深掘りすることを通じて、テレビ、そして戦後日本社会をとらえ直そうとするものだ。

『いいとも！』はテレビの可能性を具現していた

そう思い立ったきっかけは、現在テレビが置かれている〝苦境〟にある。

テレビの影響力には、まだまだ大きなものがある。X（旧Twitter）などSNSの盛り上がりも、ドラマや音楽番組、アニメなどテレビ番組をリアルタイムで見てのものであることが珍しくない。だが世帯視聴率の数字を見れば、テレビを見るひとたちの数が減少傾向にあるのは否めない事実だろう。

たとえば、HUT（総世帯視聴率。調査対象の世帯のうち、リアルタイムで見ている世帯の割合）の推移を見ると、ゴールデンタイム（午後7時から10時）のHUTは、1997年度には70％前後あったものが、傾向として下がり続け、2021年度には50％台後半になっている。[*1]

「若者のテレビ離れ」という話もよく聞こえてくるようになった。インターネットやスマホの普及によって、YouTubeやTikTokといった動画サイトを見る若者が増え、その分テレビ視聴に割かれる時間が減っているとされる。2019年の統計だが、10代では2015年に比べてテレビの利用時間が約30％下がったのに対し、ネットの利用時間は約50％上昇している。[*2]

ただし、だから「テレビはもうオワコン」などと言いたいわけではない。テレビならではの可能性があり、それは未来のメディア状況にとってもきっと必要なものだ。そして『いいとも！』という番組は、まさにその可能性を示すお手本のような番組だった。そのことが言いたいのである。

それは、より大きな歴史の問題でもある。テレビと戦後日本は切っても切り離すことができない。そのことは、高度経済成長とともに爆発的に普及したテレビの歴史を振り返っても明らかだ。そして『いいとも！』という番組は、戦後日本、とりわけ戦後民主主義が持つ可能性を最も具現した番組なのではないか、というのが本書全体を貫く仮説である。その点を以下では、「広場性」「余白」、さらにタモリの「仕切らない司会」といったいくつかの切り口を手がかりに考えていく。

そういうわけで、ある意味本書には二面性がある。過去を振り返りつつ、未来を志向するという二面性である。だから、できることなら『いいとも！』の始まった頃を知る世代のひとにも、その頃をよく知らない「テレビよりはネット」という世代のひとにも読んでもらえればと願っている。

だが1982年と言えば、いまからもう四十数年も前。40年と言えば、ひと時代以上も昔の話だ。断片的には覚えていても、当時のテレビのことなど忘れてしまっているというひとも少なくないだろう。むろん、まだ生まれていなかったというひとにとってはまったく未知の世界に違いない。そこでまず、『いいとも！』が生まれた「1982年のテレビジョン」がどのような様子だったか、本論に入る前に記憶を呼び覚ましてみたい。

テレビは日常的娯楽の中心だった

その頃テレビは、まだまだ日常的娯楽の中心として健在だった。たとえば、『NHK紅白歌合戦』の視聴率などはわかりやすい。

1982年の『紅白』の世帯視聴率は69・9％（ビデオリサーチ調べ。関東地区。以下も同様。また以降、単に「視聴率」と記すときは世帯視聴率を意味する）。近年が30％台であることを考えれば驚異的な数字である。だがこのときは、70％を切ったことで「紅白大丈夫か⁉」と騒がれた。それほど『紅白』は「国民的番組」だった。

NHKは、翌1983年の『紅白』に向けて視聴率回復を図る。そのひとつの策が、総合司会へのタモリの起用だった。総合司会はNHKアナウンサーが務めるのが長きにわたる慣例であり、まさに異例の抜擢《ばってき》だった。その一因として、すでに始まっていた『いいとも！』の人気があったことはいうまでもない。本番当日、番組冒頭でタモリが「そろそろ始めてもいいかなー?」と客席に呼びかけ、観客が「いいともー!」と応答する場面も話題になった。この年の視聴率は74・2%へと回復した。

『輝く!日本レコード大賞』(TBSテレビ系)にもふれておこう。当時は大晦日《おおみそか》夜7時から2時間の放送。『紅白』も2部制が敷かれる以前で午後9時からの開始だったので、2つの番組を連続して見ることができた。どちらも生放送なので、両方に出演する歌手が会場間を慌ただしく移動する様子が年末の風物詩でもあった。

1982年の『輝く!日本レコード大賞』の視聴率は31・3%。近年は10%前後なので、やはり相当高い。この年の大賞は細川たかしが歌った「北酒場」。この頃は、八代《やしろ》亜紀や五木ひろしも大賞を獲得するなど、演歌がまだ流行歌の中心にあった。

ただ一方で、新しい波も生まれていた。1982年の最優秀新人賞は、ジャニーズ事務所(現・SMILE-UP.)のシブがき隊「100%…SOかもね!」。1980年代に入りジャニーズは、田原俊彦、近藤真彦、そして野村義男(THE GOOD-BYE)の「たのきんトリオ」も最優秀新人賞を獲得し、勢いに乗り始めていた。女性アイドルも、この年「赤いスイートピー」を大ヒットさせるなど全盛期を迎えた松田聖子に続き、中森明菜や小泉今日子といった1982年デビューの「花の82年組」が登場する。アイドル歌手全盛時代の到来である。

「真面目」からの脱却――報道、教育番組の変貌

アイドル歌手は、「歌手＝歌が上手《うま》い」という常識を破壊する存在でもあった。彼や彼女たちは、たとえ歌が上手くなくとも、容姿や人間的魅力といった付加価値の部分でファンを惹《ひ》きつけた。従来の常識にとらわれない遊び心が重視され、日本人の美徳であったはずの「真面目」は敬遠されるようになり始めたのだ。

そうした「真面目」からの脱却は、テレビ全体をも変えた。

日本テレビ（当時）の徳光和夫が総合司会を務めていた朝の帯番組『ズームイン!!朝!』（日本テレビ系、1979年放送開始）では、こんなことがあった。

徳光和夫は、1982年に番組内である約束をした。熱烈な巨人ファンである徳光は、この年の開幕前、「巨人が優勝できなかったら丸坊主になる」と宣言。そして結局巨人が優勝できなかったため、『ズームイン!!朝!』の生放送中に髪を刈り坊主頭になった。こ

の番組は真面目なニュースも伝える情報番組で、バラエティ番組ではない。だがこの「丸坊主事件」が物語るように、遊びの要素を打ち出すことも厭《いと》わなかった。

また、TBSの局アナからフリーに転身した久米宏が1982年10月、つまり『いいとも！』とほぼ同時にスタートさせたのが『久米宏のTVスクランブル』（日本テレビ系）である。

こちらも情報番組で社会問題や時事問題を扱い、日本テレビの解説委員も出演していた。だが一方でコメンテーターに漫才師の横山やすしを起用。破天荒で知られる横山は物議を醸す持論を展開するだけでなく、生放送中に酔っ払っていることも常だった。それは、後年久米がメインキャスターとなる『ニュースステーション』（テレビ朝日系、1985年放送開始）にも通じるような、ショーアップされたニュース番組の先駆けであった。

遊び志向は、お堅いテレビの代名詞だったNHK教育テレビ（現・NHK　Eテレ）にも及んだ。

1982年には、若者向け番組『YOU』が始まっている。それまでNHK教育テレビの若者番組と言えば、『若い広場』（1962年放送開始）のように真面目を絵に描いたようなものだった。ところが『ＹＯＵ』では、司会者には売れっ子コピーライターの糸井重里を迎え、オープニング曲とエンディング曲を坂本龍一が担当するなど、ポップな雰囲気の番組に大胆にイメージチェンジした。ゲストにも毎回芸能人や有名人が出演。タモリもそのひとりで、「好かれるばかりがタレントじゃない―激論！タモリ、ギャル60人と対決―」と題された回（１９８２年5月29日放送）に出演した。

『ひょうきん族』が『全員集合』に勝った日

もちろん、テレビにおける「反‐真面目」の急先鋒《きゅうせんぽう》は笑いであった。１９８０年、Ｂ＆Ｂ、ツービート、島田紳助・松本竜介、ザ・ぼんちら若手漫才師を中心に巻き起こり、社会現象となった漫才ブームはこの１９８２年になっても続いていた。

ゆったりしたテンポの古典的な漫才から脱し、スピーディ、かつ本音を吐露するネタで若者から圧倒的に支持された漫才ブームは、バラエティ番組のありかたさえも変えるようになる。

その流れを牽引《けんいん》したのが、１９８１年5月に始まったフジテレビ『オレたちひょうきん族』である。ビートたけし、明石家さんま、島田紳助など、漫才ブームのなかで人気を得た芸人が大挙出演した。

当時、バラエティ番組を象徴する存在だったのが、土曜夜8時から放送のザ・ドリフターズ『8時だョ!全員集合』（TBSテレビ系、1969年放送開始）である。50・5%という驚異的な最高視聴率を記録するなど、「お化け番組」と呼ばれたほどの人気番組だった。『ひょうきん族』は、その真裏の時間で『全員集合』に戦いを挑んだ。笑いへのアプローチも対照的で、『全員集合』が入念な打ち合わせとリハーサルを繰り返す「つくり込まれた笑い」だったのに対し、『ひょうきん族』はその場のノリを重視し、面白くなるなら脱線も構わない「アドリブの笑い」だった。

ここまで見てきたように、バラエティ番組に限らず時代、そしてテレビはお約束や常識を破壊する方向に大きく舵《かじ》を切っていた。その結果、両番組による熾烈《しれつ》な「土8戦争」は次第に『ひょうきん族』優位に傾いていく。そして1982年10月9日放送分において、『ひょうきん族』が『全員集合』の視聴率を初めて上回る。それはまさに、歴史的な事件だった。

こうして1982年、ずっと視聴率が低迷していたフジテレビは全日（午前6時から深夜0時）、ゴールデン（午後7時から10時）、プライム（午後7時から11時）のすべての時間帯で在京民放首位となる、いわゆる「視聴率三冠王」を達成する。それは、笑いを通じてテレビが「遊ぶ社会」を先導する時代の始まりであった。

1982年のタモリ

さて、本書の主人公であるタモリは、1982年にどうしていたのだろうか？

1970年代後半、でたらめ外国語やイグアナの物真似《ものまね》など怪しげな芸を連発する「密室芸人」として注目されるようになったタモリは、テレビでの活躍の場を広げていた。

たとえば、タモリ一流のパロディ精神を発揮した番組が『夕刊タモリ！こちらデス』（テレビ朝日系）である。1981年10月に始まった番組で、放送時間は日曜夕方6時30分からの30分間。

実は、同じテレビ朝日で筑紫《ちくし》哲也がキャスターを務める『日曜夕刊！こちらデスク』（1978年放送開始）という正統派の報道番組があった。タイトルが示すように、『夕刊タモリ！こちらデス』はそのパロディ（「夕刊」を分解すると「タモリ」とも読める）で、しかも筑紫の番組は日曜夕方6時からの30分間。つまり、本家とそのパロディ番組が連続して放送されるという、ちょっと前例のない斬新な編成になっていた。

しかし、『夕刊タモリ！こちらデス』は1年で終了することになる。そこでテレビ朝日がタモリのために用意したのが、深夜バラエティ『タモリ倶楽部《くらぶ》』だった[*3]。

1982年10月に始まった『タモリ倶楽部』もまた、パロディ精神に富んだものだった。廃盤になったレコードを深掘りする「廃盤アワー」のようなマニアックなコーナーの一方で、ディスコで流行《はや》ったステップを学ぶ「SOUL TRAIN」のパロディ「SOUB TRAIN」（「総武線」のもじり）、メロドラマのパロディ「ドラマシリーズ　男と女のメロドラマ　愛のさざなみ」のようなパロディ企画が話題を呼んだ。

パロディは、タモリがメイン司会の『今夜は最高！』（日本テレビ系、1981年放送開始）でも重要な要素になっていた。

この番組は、土曜夜11時からの放送。毎回ゲストを招き、酒を酌み交わしながらのトーク、タモリがトランペット演奏もする音楽コーナー、そして出演者によるコントなどで構成されるバラエティショーである。そのコントでは、古今東西の名作映画やドラマのパロディが定番だった。ある回などは、全編ミュージカル『マイ・フェア・レディ』のパロディをやったこともあった。[*4]

このように冠番組も増えたタモリだったが、パロディの多さからもわかるように一癖も二癖もある芸風は変わらず、万人向けの笑いとは言いがたかった。それゆえ好感度が高いとはお世辞にも言えず、「嫌いなタレント」の代表格でもあった。『ＹＯＵ』におけるタモリ出演回のタイトルが「好かれるばかりがタレントじゃない―激論！タモリ、ギャル60人と対決―」だったことを見ても、当時のタモリを取り巻く世間の雰囲気がうかがえるだろう。

だが、そんなタモリに熱い視線を送っているひとりの人物がいた。フジテレビ（当時）のプロデューサー、横澤彪《たけし》である。

横澤は、『オレたちひょうきん族』をプロデュースするなど漫才ブーム以降の新しいバラエティ番組づくりの先頭に立つ存在であり、「仕掛け人」とも称された。ただ、タモリはその流れとはそれまでほとんど縁がなかった。

ところが、1982年10月からお昼の帯番組をスタートさせることになった横澤彪は、そのMCとしてタモリに白羽の矢を立てる。そして始まったのが、『森田一義アワー　笑っていいとも!』であった。

ただし番組は、決してスムーズに誕生したわけではなかった。そのあたりから、話を進めていくことにしよう。

第1章　「密室芸人」タモリが昼の司会に抜擢された理由

番組開始40年以上が経《た》った『いいとも！』

1982年10月4日、新番組『森田一義アワー　笑っていいとも！』がスタートした。改めていうまでもないが、「森田一義」とは司会を務めるタモリの本名である。わざわざこう名付けたのには、理由があった。それについては、後で述べる。

その初回のオープニングは、こんな感じだった。

正午の時報とともに、新宿東口にあるスタジオアルタ前を俯瞰《ふかん》した角度から撮った風景が画面に映り、それをバックに番組のタイトルロゴが大写しになる。そこに流れる「お昼や～すみは　ウキウキウォッチン　あっちこっちそっちどっち　いいとーも♪」と始まるいいとも青年隊の3人の歌声。そしてカメラがスタジオ内に切り替わると、そのまま3人の歌とダンス。このタイトルソング「ウキウキWATCHING」を口ずさめるひとは、いまでもきっと多いはずだ。

番組のセットは、基本的な部分は変わらないものの、後年の極彩色のきらびやかなものに比べるとかなりシンプルだ。その正面後方から、七三分けでアイビールックに身を固めたタモリが登場する。本来はいいとも青年隊との掛け合いの要領で、「ごきげんいかーが?♪」に対し、「ごきげんなな−めはまーっすーぐに♪」のところからタモリは歌い出す。だがこの日はまだ慣れないせいか遅れ気味に登場し、「きのーおまーでのガーラークータを　処分処分♪」のところから歌った。観客にも緊張感が伝わったのか、心なしかその場全体が手探りの雰囲気にも見える。それが、2014年3月31日の最終回まで全8054回、32年近くも続くことになる生放送の帯バラエティ番組『笑っていいとも!』の記念すべき初回のオープニングだった。

その日の番組内容はと言うと、次の通り。タモリが料理の腕前を見せる「タモリの世界の料理」(アシスタントは当時の人気タレント・斉藤ゆう子)、視聴者からのハガキを紹介しながら料理を食べる「タモリの試食の部屋」、タモリと劇団東京ヴォードヴィルショー（当時）の坂本あきらが即興コントを繰り広げる「ふんいき劇場」、「テレフォンショッキング」（ゲストは桜田淳子）、そしてエンディング。いま振り返ると、すでにタモリの料理好きの一面が発揮されていたこと、また「テレフォンショッキング」が初回の時点では番組の最後のほうに置かれていたことが目を引く。

そしてその日から、40年以上の月日が流れたことになる。2014年の番組終了からも、すでに10年近くが経つ。とはいえ、現在も折にふれて思い出され、「いまも続いていたら、誰がレギュラーになっているだろうか？」という予想で盛り上がることもある。「○○してくれるかなー？」と誰かが言えば、条件反射的に「いいともー」と言いたくなるひともいまだに少なくないはずだ。それだけ、私たちの記憶のなかに深くインプットされている番組ということだろう。

しかし一方で、『いいとも！』は、笑って楽しめるというだけでなく、変わったところのある番組、いわば〝ヘンな番組〟だったようにも思う。

その一端は、番組でのタモリの立ち位置だ。「森田一義アワー」と掲げた、いわゆる冠番組であるにもかかわらず、タモリ当人は、一見やる気があるのかないのかよくわからない。てきぱきと仕切る感じでもない。「必要以上に前に出ない」スタンスが番組の長続きの秘訣《ひけつ》のように本人が語ったこともあったが、これだけ自己主張しない、言い換えれば「仕切らない司会者」は、当時とても珍しかった。司会者は英語で"master of ceremonies"と訳されたりもするが、タモリのたたずまいは、「主人」や「支配者」とはほど遠い。だがそうかと言って、存在感がないわけではない。メインのようであり、メインでないようでもある。そんな不思議なポジションだったのが、『いいとも！』のタモリだった。

では結局、『笑っていいとも！』とは、いったいどのような番組だったのか？　本書では、番組の内容はもちろんのこと、お笑い芸人や芸能界の歴史、テレビの歴史、さらに戦後日本社会の変遷などにも目を配りながら、『いいとも！』という番組の正体を改めて明らかにしたい。そのことが同時に、１９５３年の本放送開始以来、インターネットの普及などでいま最大の危機を迎えていると言っても過言ではないテレビが生き残っていくためのヒントの発見にもつながるのではないかと思っている。

それでは、なぜタモリが『いいとも！』の司会に選ばれたのか、その点からまず振り返ることにしたい。

『いいとも!』以前——タモリの「密室芸人」時代

『笑っていいとも!』終了後も、相変わらずタモリは健在だ。1945年生まれのタモリは2024年で79歳。一昨年喜寿を迎えたところだが、いまだテレビの第一線で活躍を続けている。

特に近年は、街歩き番組『ブラタモリ』(NHK、2008年放送開始)や『タモリ倶楽部』で見られるように、音楽、地図・地形から料理、鉄道など博学の趣味人の代表のような存在になっている。「推し活」という言葉も浸透し、世の中がますますオタク化するなか、タモリのように趣味に浸って生きる人生を送りたいと思っている若者も少なくないだろう。各種調査では、「理想の上司」にランクインすることも珍しくない。まさに「尊敬される大人」になっている。

ただ、『いいとも!』が始まった頃のタモリに対する世間のイメージは、むしろ180度逆と言っていいほど違っていた。

当時タモリにつけられていたキャッチフレーズは、「恐怖の密室芸人」。レイバンの黒のサングラスに髪はぴっちりセンター分けという怪しげな姿で、ネタもイグアナの形態模写やでたらめ外国語、テレビの教養番組のパロディなど、一癖も二癖もあるものばかり。元々それらは、タモリが素人時代から新宿・歌舞伎町のスナック「ジャックの豆の木」で、ジャズピアニストの山下洋輔や漫画家の赤塚不二夫など仲間内だけに夜な夜な披露して楽しんでいたものであり、それゆえ「密室芸」と呼ばれていた。

そんなマニアックな芸風は、当初一般受けするものからはほど遠かった。赤塚不二夫などの紹介で1970年代後半、テレビやラジオに出演するようになったタモリだったが、ファン層は、その知的センスに敏感に反応する大学生などが主だった。1976年に始まった『タモリのオールナイトニッポン』(ニッポン放送)の人気は、そうした限られた層に支えられた番組特有の強烈な熱気にあふれていた。一方テレビでは、まだまだタモリの存在は異端だった。1981年には、チャリティ番組『24時間テレビ』で深夜に赤塚不二夫と「SMショー」を繰り広げて苦情が殺到したことなどは、タモリが世の〝良識〟とされるものの対極にいたことの証《あかし》だろう。

とはいえ、番組を制作する側も次第にタモリの力量を認め、起用するようになっていく。『ばらえてぃ テレビファソラシド』（ＮＨＫ、１９７９年放送開始）へのレギュラー起用などは、象徴的な出来事だった。いまでこそＮＨＫと民放の番組テイストの差はほとんどなくなってきているが、当時のＮＨＫはまだまだ生真面目で、〝ふざける〟ことを自らに厳しく禁じているところがあった。したがって、いかに知的であっても、タモリがやるような怪しい「密室芸」とは無縁と思われていた。

密室芸人時代のタモリの得意ネタのひとつにＮＨＫ教育テレビの教養番組のパロディがある。たとえば、「陶器の変遷」と題し、いかにもＮＨＫ教育テレビに出てきそうな専門家に扮《ふん》してもっともらしく陶器の歴史をあることないことでっち上げる。実際、タモリによれば、ＮＨＫの関係者の前でそのネタを披露したことがあったが、相手はなんのことだかよくわからず、「なんなんだよっていうくらい引いて、ウケるどころか半分怒って」いたという。[*1] それほど彼らのあいだには感性の開きがあった。

そうしたなか、『テレビファソラシド』で、タモリがいきなりレギュラーに抜擢されたのである。そこにはこの番組の出演者でもある放送作家・タレントの永六輔の強い意向もあったとされる。番組では、NHKの〝真面目〟を代表していたアナウンサー・加賀美幸子と、それをなんとか切り崩して笑わそうとするタモリの〝攻防〟が展開された。それは、新しいテレビの時代を予感させるものだった。

漫才ブーム始まる

一方、タモリの活躍とは別のところで、テレビに新たなバラエティの時代が始まろうとしていた。

1980年代初頭に突如巻き起こった爆発的な漫才ブームは、単なる演芸ブームというだけでなく、社会のコミュニケーションモードを漫才風に変えてしまうようなある種の革命だったと言える。「ボケ」「ツッコミ」「キャラ」「フリ」といったような芸人の世界の専門用語が一般人のボキャブラリーになり、笑えるかどうかを基準に私たちはコミュニケーションの良し悪《あ》しを判断するようにさえなった。そしてその中心にあり、影響力をふるったのがテレビ、特にフジテレビだった。

ブームのきっかけとなったのは、『花王名人劇場』（1979年放送開始。制作は関西テレビ）というフジテレビ系列で放送された番組だった。これはさまざまな芸能の名人芸を紹介する演芸番組で、落語もあれば、『裸の大将放浪記』（１９８０年放送開始）のようなドラマを放送することもあった。漫才もそうした番組コンセプトのなかの一企画として放送された。それが１９８０年1月20日放送の「激突！漫才新幹線」である。出演したのは、横山やすし・西川きよし、星セント・ルイス、そして若手代表としてB&Bだった。

するとこの企画が15・８％と、他の回に比べ突出した高視聴率をあげる。そこから、『花王名人劇場』だけでなくフジテレビを中心に各テレビ局が漫才特番を組み始め、それらがことごとく人気を呼んだ。漫才ブームの始まりである。B&Bをはじめ、ツービート、島田紳助・松本竜介、ザ・ぼんち、西川のりお・上方《かみがた》よしおなど若手漫才コンビが大挙出演して各自のネタを披露する特番『THE MANZAI』（フジテレビ系、１９８０年放送開始）は最高視聴率32・６％（１９８０年12月30日放送回）を記録、ブームを象徴する番組となった。

そして漫才ブームは、一大お笑いブームとして、漫才コンビだけでなく、ピン芸人など他の芸人が人気者になる扉をも開くことになる。その拠点となったのが、新たなスタイルのバラエティ番組である。

1981年にスタートした『オレたちひょうきん族』は、その代表だ。先述の人気漫才コンビのメンバーに加え、落語家でありタレントとしてすでに関西から東京に進出していた明石家さんまが、この『ひょうきん族』をきっかけに一躍全国区の人気者へと躍り出た。そしてそのさんまとビートたけしが掛け合いを繰り広げる「タケちゃんマン」、当時の人気音楽番組『ザ・ベストテン』（TBSテレビ系、1978年放送開始）のパロディ「ひょうきんベストテン」といったコーナーが評判となり、番組も人気になった。「はじめに」でふれたように同じ土曜夜8時台の長寿バラエティ番組、ドリフターズの『8時だョ！全員集合』と熾烈な視聴率競争を繰り広げた「土8戦争」は、テレビ全体に活気をもたらした。

なぜタモリは「昼の顔」に抜擢されたのか？

これら『THE MANZAI』や『オレたちひょうきん族』のプロデューサーだったのが、フジテレビ（当時）の横澤彪である。その横澤が次に企てたのが、お昼のバラエティ番組だった。

元々フジテレビには、昼の生放送による帯バラエティ番組の伝統があった。

たとえば1960年代には、前田武彦やコント55号が出演した『お昼のゴールデンショー』（1968年放送開始）が人気だった。この番組は、東京・有楽町にあった東京ヴィデオ・ホールからの生放送。前田武彦は放送作家出身で、『夜のヒットスタジオ』（フジテレビ系、1968年放送開始）の司会などで活躍した人気タレント。萩本欽一《きんいち》と坂上二郎がコンビを組むコント55号は当時売り出し中で、この番組でもコントを披露し、さらに人気を加速させていった。

そして1980年代に入ると、B&B、ツービートら漫才ブームの人気者たちが出演する『笑ってる場合ですよ！』（1980年放送開始）が始まった。

基本になるフォーマットは、後の『いいとも！』と同じ。開業したばかりの新宿スタジオアルタから、月曜から金曜までの生放送。総合司会はB&Bで、各曜日のレギュラーにツービートや島田紳助・松本竜介、さらに落語家の春風亭小朝、明石家さんまなどが起用された。いわば、旬の人気若手芸人総出演という趣があり、その点でも『いいとも！』の原点となった番組である。

ただ、この番組でもプロデューサーを務めた横澤彪は、あるときから不満を抱くようになっていた。その理由は、「知性の欠如」だった。
『笑ってる場合ですよ！』もスタジオアルタからの生放送ということで、観客が入ってい
た。しかも、出演者の多くがいまを時めく漫才ブームの若手人気芸人ということもあって、
観客も若いファンが多かった。その結果、ファン心理も手伝って、スタッフや出演者が意
図したところで笑うのではなく、ただ滑って転ぶだけでウケるような初歩的な笑いしか生
まれなくなっていたのである。
その状況は、「笑いというのはパロディーにしろナンセンスにしろ基本は凄《すご》く知的なも
の」と考える横澤にとって、受け入れがたいものだった。そこで横澤は、新番組を立ち上
げてもう一度知性を感じられるバラエティ番組をつくろうと決心することになる。そして
そうした知的笑いを担ってくれる肝心の人材は、「タモリしかいないんじゃないか」と横
澤は考えるようになっていた。[*2]
だが、タモリに対し、夜な夜なスナックで仲間内だけの怪しい宴《うたげ》を繰り広げる「密室芸
人」のイメージしか持たない周囲からは、「夜のイメージが強い」「客前で出来ない」「ア
ドリブがきかない」「主婦には受けない」など否定的な意見が多かった。だがそれでも、

知的笑いにこだわる横澤は、それらの反対を押し切った。[*3]

相手にするのは「観客」ではなく「視聴者」

もちろん横澤をはじめ番組スタッフも手を拱《こまね》いていたわけではなく、タモリが「昼の顔」になれるよういろいろと工夫をした。

事前に横澤は、タモリがメインの夜11時台の深夜バラエティ『今夜は最高！』のチーフ・プロデューサーである中村公一に電話をしている。横澤の話を聞いた中村は、夜の顔のタモリは出さないように頼んだ。それを受けた横澤は、番組のサブタイトルにわざわざ「森田一義アワー」とつけて「昼の顔」を強調した。[*4]

また、番組開始当初、誰もが驚いたのが、タモリの髪型と身なりだっただろう。「密室芸人」タモリのビジュアルと言えば、髪を真ん中から分けてべったりと撫《な》でつけ、ティアドロップ型の黒のレイバンのサングラスという正体不明の風貌がお馴染みだった。そしてその見た目が、数々の密室芸の怪しさを増幅させてもいた。

ところが、『いいとも！』が始まったとき、タモリのビジュアルは一変していた。サングラスはそのままだったものの、色は薄めでティアドロップ型とは異なるちょっとおしゃれなかたちのもの。そして髪型はセンター分けではなく七三分けに。そして服装は、エンブレムのついた紺のジャケット、折り目のついたグレーのスラックスにネクタイを締めている。いわゆるアイビールックである。もちろん、こうした爽やかさを強調したファッションも、「昼の顔」を演出する一環だった。

ただしそれは、ある意味上辺のこと。横澤彪が狙ったのは、昼間の主な視聴者層とされる主婦層に支持されるような無難な笑いではなく、あくまで知的な笑いだった。たとえば、横澤は、当時タモリに「ここ（引用者注：新宿スタジオアルタのこと）の現象だけで笑う客をあてにしてるとギャグが言えなくなるから、テレビ観《み》てる人が何万倍って多いんだから」と言っていたという。「観客」ではなく、「視聴者」を相手にせよ、と助言したわけである。横澤は、高学歴化が進む世の中で、視聴者のレベルはきわめて高く、演者の感覚さえ上回っていると考えていた。[*5]

そう感じていたのは、タモリも同様だった。最初タモリは、アルタの観客は「18歳未満禁止」でいきたいと考えていた。それは実現しなかったが、始まって1か月ほど経った頃の「話題の盛り上がり方が、主婦のペースではない」ことに気づき、「いけるな」と思うようになった。[*6]つまり、主婦ではない視聴者層、たとえば昼休みのあいだに職場や食堂で見ているサラリーマン、自室で見ている大学生のような視聴者からの反応が、『いいとも！』を支えたのである。

こうして、外見は世間の〝良識〟を代表するようなもので主婦層から反発を受けないようにカモフラージュしつつ、「密室芸人」タモリは、なんでもないような素振りで「昼の顔」に収まることに成功したのである。

タモリは「観察するひと」

しかし、そもそも笑いにおいて知的であるとはどういうことだろうか？　知識や教養がある、言い回しが洗練されている、など答えかたはさまざまだろうが、タモリに関して言えば、それは人並外れて鋭い観察眼ということかもしれない。彼一流のパロディであれ物真似であれ、その土台にあるのは、あらゆるひとや物事を徹底して観察する力、そこから生まれる独自の発想だろうと思えるからだ。

それで思い出すのは、横澤彪の「人間嫌い」というタモリ評である。

横澤がそう思うようになったのは、タモリが撮影した写真展に行った際、「どの写真も暗いトーンで貫かれていて、人間が一人も被写体に選ばれていなかった」ことだった。人間が好きでその一挙手一投足に興味津々ならば、人間を撮るだろう。ところが、タモリは、人間をいっさい撮っていなかった。そこに横澤彪は、タモリという人物の本質を見たように思ったわけである。

実際、「自分の方へ近寄ってくる人間を無下に退けはしないかわりに、手放しで愛想よく受け容れることもほとんどない。さめた目で相手を見つめている。つねに一線をへだてて応対し、冷静に観察しているといった風である」と、横澤はタモリを評する。[*7] 言い換えれば、タモリは、きわめてフラット、いわばスーパーフラットに他人と接している。そして、その相手をじっと観察している。

ただ、それは単に、相手を突き放し、遠ざけようとしているわけではない。本当の「人間嫌い」ならば、夜な夜な新宿のスナックで気の置けない仲間と遊び続けることはなかっただろう。タモリが他人と距離を取るのは、あくまで観察にとって必要なものだからである。観察と言うと無感情のようにも聞こえるが、そうではない。タモリにとって観察は、このうえない歓《よろこ》び、快楽に直結している。楽しいから観察する。それがタモリのなかに一貫する考えかただろう。

そしてそれは、『いいとも！』におけるタモリの例の不思議な立ち位置にも通じるように思える。『いいとも！』での自己主張しない司会は、他の出演者、そして観客を観察しているタモリが傍目《はため》にはそう映ったにすぎない。司会を放棄しているのではなく、そういうスタイルでタモリは司会をしているのだ。その独特の、だがそれこそが番組の長寿の要因になったと思える司会術が見える場面については、本書でもこの後ところどころでふれることになるだろう。

いずれにしても、こうして1982年10月4日、『森田一義アワー　笑っていいとも！』は始まった。だが番組は、最初から順風満帆だったわけではない。番組が軌道に乗るにはいくつかのきっかけが必要だった。そのあたりについて、これから順を追って述べることにしたい。

第2章　「テレフォンショッキング」という発明

前章で、異端の存在だった「密室芸人」タモリが、知的笑いの担い手として『笑っていいとも！』の司会に抜擢された経緯にふれた。ここでは、手探り状態で始まった『いいとも！』がどのようにして軌道に乗ったのか、特に番組の代名詞的コーナーであった「テレフォンショッキング」を中心に見ていきたい。

「いいともー！」が流行した理由

人気番組には、往々にして番組発の流行語が生まれる。正確には、流行語の誕生が番組の人気につながり、上昇気流に乗るきっかけになることが少なくない。お馴染みの「いいともー！」も、そのひとつだ。

『いいとも!』開始から2か月ほど経った頃、タモリとスタッフは、新宿・歌舞伎町でサラリーマン風の男性が、「課長! もう一軒いってもいいかな!」と叫び、それに課長が「いいともォ!」と応える場面に出くわす。その場に居合わせた番組プロデューサー・横澤彪によれば、最初は3か月だけという約束で司会を引き受けたタモリだったが、それ以降そのことは口に出さなくなったという。*1

このエピソードからもわかるように、「いいともー!」の強みは、誰でも使いやすく、しかもみんなが参加できるところにある。

番組のオープニングで、タモリが「それでは今日も最後まで見てくれるかな?」と言ってマイクを客席に向けると、観客が一斉に「いいともー!」と叫ぶ、あのお馴染みの場面を思い浮かべてもらえばよくわかるだろう。素人には間やタイミングが難しいとか、そういう面倒なことはない。その日初めて新宿アルタに観覧にやって来た一般人でも容易に参加できる。さらに、家庭でも学校でも、あるいは職場でも、同じ「コール&レスポンス」の要領で、いろいろな場面で応用が利く。

そうして広まった「いいともー!」が、いわば国民的流行語になったことを示す場面が、

1983年の『NHK紅白歌合戦』で繰り広げられた。

その年、タモリは総合司会。NHKのアナウンサー以外の総合司会は、番組史上初のことだった。『テレビファソラシド』出演によりNHKへの貢献が評価された面ももちろんあっただろう。だがそれだけではない。そもそも『テレビファソラシド』でのタモリは司会ではなかった。司会という意味では、やはり『いいとも!』の人気が大きかった。

その象徴的場面は、いきなりオープニングでやって来た。番組の冒頭、タモリは、これからいよいよ歌合戦というとき、「そろそろ始めてもいいかなー?」と客席に呼びかけたのである。観客席からも「いいともー!」の声が。当時まだ驚異的な高視聴率(この年の視聴率は74・2%)を誇っていた国民的番組『紅白』でのこの〝歴史的出来事〟は、「いいともー!」がすっかり世の中に浸透したことを物語っていた。[*2]

「テレフォンショッキング」あれこれ

そうして『いいとも!』が軌道に乗るなか、番組の代名詞になったのが「テレフォンショッキング」である。

改めて繰り返すまでもないが、「テレフォンショッキング」は、芸能人や著名人の日替わりゲストがタモリとフリートークを繰り広げるコーナー。その日のゲストがその場で電話をかけ、リレー方式で次の日のゲストを紹介する（居場所がわからないときは、ディレクターやアナウンサーなどが代わりに調べ、電話をすることもあった）。唯一、初回から最終回まで続いた長寿コーナーであり、看板コーナーである。したがって、『いいとも！』の放送回数と同じ８０５４組がゲストとして登場した。その日のゲストによって幅はあるが、おおよそ20分程度の長さである。ちなみに最多出演者は和田アキ子で22回。次いで浅野ゆう子と藤井フミヤが21回である。

初回のゲストは、タモリが大のファンであることを公言していた歌手の桜田淳子だった。このときは、最初は次のゲストとして歌手の牧村三枝子に桜田が電話をかけたがスケジュールの関係でＮＧに。そこで振付師の土居甫《どいはじめ》にかけようということになった。だが仕事先にいた（このときはまだ携帯電話は普及していない）ため、桜田淳子の代わりに番組ディレクターの小林豊、通称「ブッチャー小林」が電話をした。

そもそもはアイドルの伊藤つかさにタモリが会いたいという目的で始まったという。それは、1985年7月8日に実現した。[*3] 以降は、タモリが10代の頃から憧れ続けていた吉永小百合につながることが目的になった（結局、それは達成されなかったが、番組最後の「グランドフィナーレ」で吉永は中継で登場し、タモリを労《いたわ》った。これについては後述する）。

この「テレフォンショッキング」には、恒例行事のようなものもあった。

たとえば、いまでは多くのひとが忘れているかもしれないが、開始当初は、歌手のゲストの場合、その場で持ち歌を歌ってもらうシステムがあった。ただしそれは、スタッフにとっては苦肉の策で、歌を歌えないなら出演させないという芸能プロダクションが当時あったからである。だが1982年10月20日に出演した梓《あずさ》みちよが「せいぜい二～三分の曲を歌うより、その間にしゃべっていた方が、番組の為《ため》にもなるし、私自身の為になるから唄はやめましょうよ」と言い、歌わなかった。それがきっかけで、このシステムは自然消滅していった。[*4]

一方、ゲストが自分の出演するドラマや映画、新曲のポスターなどを持って来て、その場でセットの一角に貼ってもらうことは、長く続いた恒例行事である。タモリが「おーい、これ貼って」と裏に呼びかけるとタモリの付き人などが出て来てそれを貼るくだりはお馴染みのものだった。
これが始まったのは、偶然だった。たまたま新宿の劇場でミュージカル公演の舞台稽古をしていた谷啓と研ナオコが、宣伝しようとポスターを手にスタジオに突然現れ、セットの上手正面にそれを貼った。普通なら、せいぜい一日くらいそのままにして剝がしてしまうところだが、スタッフは面白がってずっと貼ったままにしておいた。それから「テレフォンショッキング」でも、ポスター貼りは恒例になった。番組としてハプニング性が重視されていたことの一例である。[*5]
また、その日のゲストが次のゲストに伝言を残すのが決まりで、それをタモリが手元のメモ用紙に書きつけるふりをしながら、実は女性器マークを描いて遊んでいることもあった（ゲストの横山やすしがそれをカメラに向けて見せてしまったこともあった）。さらにその女性器マークが評判になり、ゲストが知り合いの安産祈願のためにそれが描かれた紙を所望する（その際、タモリは神主代わりとなって安産祈願をする）のもいつしか恒例になった。

「友だちの輪」誕生秘話

そうしたなかで、「テレフォンショッキング」から生まれた流行が、「友だちの輪」だった。「いいともー！」があらかじめ番組によって用意されていたフレーズだったのに対し、こちらは思わぬかたちで生まれたものだった。

誕生のきっかけとなったのは、1982年11月17日、ミュージシャンの坂本龍一が出演したときのことである。

この日、JALのマークの話題になった。そのマークは、鶴の広げた翼が両端で接し、丸をつくるようなデザイン。坂本龍一は、その意味が「世界に広げよう、友だちの輪」なのだと言い、自ら両手で輪をつくってみせた。「へえー」と感心したタモリも、その真似をする。すると、客席から「輪！」と声がかかった。それにすかさず反応したタモリは、観客も巻き込んで「世界に広げよう、友だちの輪」「輪！」と復唱した。[*6] その後、タモリ（ゲストの場合もある）が、「テレフォンショッキング」のリレー方式に引っかけて「友だちの友だちはみな友だちだ。世界に広げよう友だちの～」と言い、最後にタモリと観客が

「輪！」とポーズつきで唱和するのが毎度のお約束になった。

このエピソードからは、とっさに坂本の真似をし、さらに観客との「コール&レスポンス」に持っていったタモリの反射神経と嗅覚の鋭さが光る。その場のノリを敏感に感じ取り、ひとつの遊びのかたちに持っていく。「密室芸人」の時代、あるいはそれ以前からタモリが培ってきた資質である。

ただこの場合、観客の当意即妙さも見逃せない。坂本龍一とタモリが輪のポーズをしたときに、即座に観客が「輪！」と被《かぶ》せなければ、「友だちの輪」は生まれなかったに違いない。隙あらば参加してやろうという観客の前のめりの姿勢、積極さが、このフレーズを生んだのである。その意味で、「友だちの輪」は、タモリと観客の一種の共同作業によって生まれたものだった。

このようなことが起こり得たのは、『いいとも！』という番組そのものが、ハプニングの起こりやすい雰囲気を持っていたからだろう。

『いいとも！』では、リハーサルはほとんどなく、ぶっつけ本番だった。番組前のタモリは、段取りの確認なども他人に任せ、ずっとスタッフと雑談をしていたという。一見お気楽にも思われるが、それは、あらゆる面において安易な予定調和を嫌うタモリとスタッフのポリシーの表れでもあったはずだ。

ハプニングの宝庫――黒柳徹子の〝番組ジャック〟

「テレフォンショッキング」は、『いいとも！』という番組を貫くそんな〝反‐予定調和〟の精神を象徴するコーナーだった。

もちろんそこには、芸能人や著名人の意外な交友関係がわかるという楽しみもあった。出演を祝って電報が届いたり、大きな花輪が贈られたりする。その飾られた花をタモリが「〇〇さんから届いてます」というように目についた贈り主にふれることもある。そうでなくとも、画面に映る花を見て誰から届いているのかを見るのも、視聴者の楽しみのひとつだった。また、電話をかけた先が仕事の現場であったりすると、そこに居合わせた共演者が電話口に出て仲の良さが垣間見《かいまみ》えたりするのも、ちょっと得した気分になった。

だがトークの場面では、和気藹々《あいあい》とした雰囲気ばかりでなく、時には緊張が走ることもあった。

たとえば、1984年2月13日にレギュラー出演する以前の明石家さんまが出たときに紹介したのが、ミュージシャンの小田和正だった。当時のタモリは、フォークやニューミュージックを「暗い」「軟弱」と言って盛んに批判していた。さんまはそれを承知のうえで、小田を紹介したのである。翌日のトークは、やはりどこか手探りの状態のまま、お互いぎこちない感じで進んだ。

また、官能小説で有名な人気作家・川上宗薫《そうくん》が1983年9月26日に出演した際には、小説での「尻の穴」の描写が話題になった。説明しようとした川上が生放送での表現の難しさに耐え切れなくなり、「こうなったらヤケクソで、放送禁止用語なんか言っちゃっていいですか?」と言い出した。「いいとも!」とはもちろんいかず、タモリが慌てて「怖いことをおっしゃる」と制止する一幕があった。

ほかにも、2012年10月3日に登場したタレントで俳優、作家でもあるリリー・フランキーが、お気に入りのラブドールを伴って出演し、自分の〝彼女〟として紹介したこともあった。この場合は、タモリは慌てたというよりはむしろ興味津々でノリノリだったが、スタジオ全体はどう反応してよいかわからず不思議な空気が流れた。

「友だちの輪」の誕生もそうだが、こうした生放送ならではのハプニングこそが、「テレフォンショッキング」の醍醐味《だいごみ》だった。予想外のことがしばしば起こり、まさにハプニングの宝庫となった。

そのなかで、いまでも語り草になっているのが、1984年3月14日放送回の黒柳徹子による〝番組ジャック〟である。この日登場した黒柳は、文字通りノンストップでしゃべり続けた。

ユニセフ親善大使の話から始まったかと思うと、タモリのリクエストでハンドバッグの中身をひとつひとつ見せることに。手紙や筆記用具などの他に、電車の切符、さらになぜか箸置きが入っていたりする。そして『徹子の部屋』（テレビ朝日系、1976年放送開始）の印象的だったゲストのエピソードから、自分の「検便」を「フン」と言ってしまった話、富士山の近くの宿で「これ、なんていう山ですか?」と聞いてしまった話、わんこそばに挑戦したがすぐ次のそばを入れられるのでやめるにやめられず悪戦苦闘した話などが延々ととめどなく続き、最後は、翌日ゲストの泉ピン子へのメッセージを書き留めるふりをしてタモリがメモ用紙に描いている女性器のマークを目ざとく見つけた黒柳が、昔覚えたというその絵描き歌を歌い出すおまけまでついた。

この間、約46分。通常、「テレフォンショッキング」の長さは20分程度である。当然、予定していたほかのコーナーはできず仕舞いに。後年似たケースは作家の有吉佐和子やとんねるずでもあったが、その先駆けがこのときの黒柳徹子だった。

また、ゲストが大幅に遅刻してしまったこともある。1997年10月2日放送回のゲストは、俳優の片桐はいり。しかし片桐は、時間になっても現れない。電話をすると、まだ品川駅にいた。寝坊したとのことで、しかも電話中にむざむざ1本乗り過ごす羽目に。ようやく新宿アルタに到着するが、放送している階に向かうエレベーターの場所がわからず右往左往。しかも、前日ゲストの渡辺えり子（現・渡辺えり）が残したメッセージが、「明日は遅刻しないでくださいね」だったという見事なオチもついた。

「テレフォンショッキング」に出演した一般人

そして、電話のかけ間違いで、なんと一般人が出演したこともあった。ある意味、黒柳徹子の〝番組ジャック〟以上のハプニングである。なにしろ、芸能人・著名人という大枠をはみ出してしまったのだから。

事の経緯はこうである。

1984年4月23日のゲストは歌手の泰葉《やすは》だった。歌手のしばたはつみを友だちとして紹介しようとした泰葉が電話をかけ、「もしもし、しばたさんのお宅ですか?」と言ったところ、「いいえ、違います」という返事。相手は、広告会社の編集部に勤める女性だった。タモリが引き取って『笑っていいとも!』であることを説明すると、「ちょっと待ってくれます?」とテレビを見て確認した女性は、「間違いでなくていいんですけど」と満更でもない様子。そのノリの良さを感じ取ったタモリの「明日来てくれるかな?」に「いいとも一!」と答え、その女性はなんと翌日「テレフォンショッキング」に出演を果たしたのである。

その日から「一般人コース」が並行して始まった。その女性は通常と同じセットでタモリとトークを繰り広げ、「やだぁ、恥ずかしい」と言いながら友だちを紹介。そして3人目までつながったが、4人目のひとの都合がつかず、タモリの「明日来れないかな?」という呼びかけに対し、電話の相手が「来れません」と答え、「一般人コース」は結局3日で終了することになった。

これは、『いいとも！』という番組が究極の視聴者参加番組であったことの証である。観客が演者の一挙手一投足に反応し、放送中に声を上げることも許されていることの延長線上に、このようなハプニングが起こったと言えるだろう。

ただ、そうであるがゆえに唖然《あぜん》とするようなハプニングが起こることもあった。「『いいとも！』終了」というマスコミ報道があった際、「テレフォンショッキング」の本番中にいきなり観客の男性がそのことをタモリに質《ただ》すということもあった。タモリはそんな話は聞いていないので「違うんじゃないですか？」と答えた。その日のゲストである山崎邦正《ほうせい》（現・月亭方正《ほうせい》）があまりのハプニングに慌てふためいていると、タモリが「お前が連れてきたんだろ!?」と邦正にツッコみ、笑いに変えた。さらに「ＣＭ明けたらあそこにクマのぬいぐるみが座ってるぞ」と言ったタモリの言葉通り、ＣＭ明けにはクマのぬいぐるみがその男性の席に置かれていた（２００５年９月21日放送。男性の退席は、本人と話し合い納得してもらったうえでのことだった）。

このような普通なら対処に困るような場面でさえも、男性の質問をはぐらかさず、しかもそこから笑いにまで持っていったタモリ、そしてスタッフの対応は印象的だ。ある意味、『いいとも！』という番組の真骨頂がうかがえた場面と言えるだろう。

テレビ的な「虚実皮膜《ひにく》」の面白さ

なんでもないトークコーナーのようでありながら、かくも多彩なハプニングの宝庫となった「テレフォンショッキング」。バラエティ番組の本質が意外性の面白さにあるとすれば、それは紛れもなくバラエティ番組の歴史におけるひとつの発明であった。

それにしても、なぜここまで次々とハプニングが生まれたのか？

むろん、生放送、ぶっつけ本番ならではの緊張感や高揚感もあっただろう。そうした雰囲気では、思わぬ失敗が生まれやすい。それもあってか、ミュージシャンの吉田拓郎や俳優の高沢順子は、前の日にお酒をしこたま飲んで、まだ酔った状態で「テレフォンショッキング」に出演した（タモリが二日酔いということもよくあった）。

しかし、たとえ失敗があったとしても、それだけでは真の意味でのテレビ的なハプニングにはならない。そこには、タモリをはじめとした演者、そして演出やカメラをはじめとしたスタッフのアイデアや経験に基づく臨機応変さが必要だった。

実際、ここまで挙げてきた例からもわかるように、タモリの柔軟な対応力や巧みな誘導によって、小さな失敗の芽が、魅力的なハプニングとなって花開いたものと言える。電話のかけ間違いからの一般人の出演は、その最たるものだろう。かけ間違ったとわかったにもかかわらず、タモリが面白がってその一般人に対し「明日来てくれるかな?」と呼びかけなければ、その後の流れは生まれなかったはずだ。

そしてスタッフもまた、阿吽《あうん》の呼吸でタモリと連携した。片桐はいりの遅刻は、普通なら到着までを逐一放送する必要はないだろう。だが、他のコーナーの放送中にもかかわらずタモリが片桐からの電話をステージ上で受け取り、またアルタに到着した片桐の右往左往ぶりをカメラが待ち構えて撮っていた。

視聴者には気づかれにくいが、実はセットの配置にも工夫が凝らされていた。番組開始当初、タモリがゲストとトークをするテーブルは、スペースの中央ではなく端に置かれていた。つまり、中央のスペースがあえて空けられていた。放送初回のディレクターを務めたフジテレビ(当時)の永峰明によれば、それは、「ステージの真ん中にタモさんやゲストが暴れられるスペースがほしかった」からだった。[*7]

両者の根底には、何事も面白がる徹底した遊びの精神、そのための備えがあったことが見て取れる話である。「『面白けりゃすぐそっちにシフトしていく』っていう柔軟性」(永峰明)が、そこにはあった。

それは、「虚実皮膜」の面白さを楽しむ感覚とも言い換えられるかもしれない。すなわち、『いいとも!』とは、虚構と事実のあいだ、フィクションとノンフィクションのあいだの領域が有する曖昧さを積極的に楽しむものだった。

後になってタモリ自身も明かしているように、「テレフォンショッキング」の出演交渉は放送中にいきなりではなく、実は事前になされていたようだ。そのことが知られるようになったきっかけも、「テレフォンショッキング」だった。2012年3月8日、出演した矢田亜希子が、電話をかけた大竹しのぶに対して「はじめまして」と言ったのである(その後、「友だち紹介」ではなくなり、翌日のゲストは番組が決めるスタイルに変更された)。

ただそのことで、「テレフォンショッキング」の価値が下がるわけではない。大枠として演出はあったにせよ、テーブルの配置についての工夫がそうであったようにそれはあくまでハプニングが生じやすくするためのものであり、そうして起こったハプニングは紛れもなくリアルなものだった。そして視聴者の側も、演出のウソはウソと察したうえで、ハプニングのワクワク感を楽しんだ。ある種、暗黙の共犯関係が、番組と視聴者とのあいだに存在していたのである。

「虚実皮膜」の面白さは、リアルとウソが絶妙に入り交じったタモリのパロディ芸などにも通じるものだろう。たとえば、詩人・劇作家の寺山修司や作家の野坂昭如《あきゆき》などの独特の口調だけでなく、いかにも彼らが言いそうなことを即興で話す「思想模写」などは、まさにそうだった。

第3章 「国民のおもちゃ」を演じたタモリ
――「仕切らない司会者」と「無」への志向

前章では、「テレフォンショッキング」を例に、『笑っていいとも！』が具現した遊びの精神、その精神に基づいて番組と視聴者とのあいだに結ばれたテレビ的な共犯関係という観点から番組の人気の理由についてみた。むろんそこでタモリが果たした役割は、大きなものがあった。ではタモリは、『いいとも！』という番組において、そもそもどのような司会者であったのか？　この章では、その特徴的な司会ぶりにスポットライトを当ててみたい。

「仕切らない司会」の極意

「らしい」という意味では、タモリは決して司会者らしくはなかった。第1章で、タモリは「仕切らない司会者」だったと書いたのもその一端だ。

一般的には、出演者の発言をテンポ良く引き出しその場を盛り上げながら、スムーズに予定されたコーナーを進行し、生放送であれば時間内にきっちり収めるような司会者、すなわち「仕切り上手な司会者」が名司会者と呼ばれるだろう。たとえば、かつての高橋圭三や久米宏といったようなアナウンサー（出身）の司会者が典型的だ。彼らは、『NHK紅白歌合戦』や『ザ・ベストテン』といった番組においてその手腕を遺憾なく発揮した。もちろん、名司会者の条件は芸人であっても変わらない。くりぃむしちゅーの上田晋也などは、よどみない進行、間髪入れず繰り出される的確なツッコミなど、まさに仕切り上手の代表といった感じだ。

それに対し、タモリはそうした理想とされる司会者像には無頓着なように見える。『いいとも！』をはじめ、どんな番組においてもまずその場の雰囲気に身を委ね、自分も楽しむことのほうを優先している印象だ。

一番わかりやすいのは、『いいとも！』と同年に始まって2023年に終了した冠番組

『タモリ倶楽部』である。必ずマイクを手に持って登場するタモリだが、進行役はゲストの芸人などに任せ、興味の赴くままに振る舞っている。

確かにこの番組は深夜で、タモリの趣味である鉄道の企画などが多いということもあるだろう。だが、基本的なスタンスは、ゴールデンタイムの『ミュージックステーション』（テレビ朝日系、1986年放送開始。タモリの司会は1987年から）でも変わらない。音楽番組の司会者としてのタモリも、曲紹介や進行などはサブ司会の女性アナウンサーに任せ、ただ出演歌手たちとの会話を楽しんでいるように思える。

いまで言うなら、こうしたタモリの司会はユルさが心地よい〝脱力系〟といったところだろうか。とにかく力んでいる印象をまったく受けないし、上手くやることにいっさい頓着している様子がない。

タモリ自身、2021年12月28日に放送された『徹子の部屋』では、司会する番組の長続きの秘訣を問われ、「まず反省しない」ことであると答えていた。それは、裏を返せば「上手くやろうとしない」ということだろう。上手くやろうと思うから、ちょっと思い通りにいかないだけで反省せざるを得なくなる。タモリにとって、それは無駄なことということだろう。

またタモリは、同じ番組のなかで、司会をチェーン店の牛丼になぞらえつつ、「毎日食べるような物は、やっぱり薄味がいい。濃い味だと飽きられてしまうっていうね。なるべくあんまり、出しゃばらない。しゃべらない」とも語っていた。

「出しゃばらない」はまだわかるとしても、「しゃべらない」となると司会者の〝掟《おきて》破り〟という感さえある。そう聞くと、『タモリステーション』（テレビ朝日系）のウクライナ情勢をテーマにした回（2022年3月18日放送）で、ほとんど沈黙を貫いたタモリの姿が思い出される。普段あまり関わらない報道、時事的テーマということもあったのだろうが、そんなところにも実は「仕切らない司会」の極意が示されていたということなのかもしれない。

「名古屋ネタ」と攻撃的知性

だが、「仕切らない」というのは、ただ単に番組をてきぱきと進行しないということだけを指すわけではない。あえて通常の司会者の枠からはみ出し、自ら波風を立てることがあるのも、タモリの「仕切らない」一面である。

特に、『いいとも！』初期のタモリは、いまからは想像がつかないほど攻撃的だった。たとえば、「名古屋ネタ」などはそのひとつである。

東京、大阪と並んで日本三大都市のひとつに数えられる名古屋だが、その風土には都会というよりはどこか田舎の匂いがある。そう考えるタモリは、名古屋弁の「ミャー」という語尾や「エビフリャー（エビフライのこと）」のような言いかたをことさら誇張したり、また名古屋の人びとの「見栄っ張り」な部分を揶揄《やゆ》したりするなど、名古屋批判を繰り広げた。

元々これは、ラジオの深夜放送『オールナイトニッポン』でタモリが言っていたネタだったが、『いいとも！』を通じて、さらに世に知られるところとなった。その意味では、タモリ本来の「密室芸人」的な毒の部分が生んだものだった。

ただ、「毒」にもいろいろある。ここでのそれは、やはり第1章でふれた、タモリならではの鋭い観察力に基づいた批評性が攻撃的なかたちで表面化したケースということになるだろう。

ほかにも、タモリが派手な衣装に身を包んで当時の世相や流行への怒りをぶちまける「おじさんは怒ってるんだぞ！」のようなコーナーが、『いいとも！』初期にはあった。いわば、「おじさん」という立ち位置を設定して、世の出来事を観察し、批評する。「おじさんゴコロ」による世の中の「記号論的解釈」というわけである。[*1]

また、番組名物だった明石家さんまとのトークコーナー「タモリ・さんまの日本一の最低男」においても、ほかの誰も指摘しないようなさんまの仕草や行動パターン、さらには関西弁のわざとらしさを指摘し、時にはそれを誇張した物真似にして笑いにつなげていた。それもまた、タモリならではの攻撃的知性の発露に違いなかった。

こうしてタモリは、とりわけ番組の初期において、世間や他人への不満や怒りをひとつの芸にしていた。いわば全方位に向けて、攻撃的知性を発揮していた。

攻撃的知性の屈折が生んだ「国民のおもちゃ」

ただし一方で、そうした知的な攻撃性は、『いいとも！』という番組がお昼の定番として定着し、メジャーになっていくとともに屈折していった面もある。

これは1990年代に入ってからのことになるが、「テレフォンショッキング」の冒頭、タモリと観客がお決まりのやり取りをするのが恒例になっていた時期があった。「コール&レスポンス」の要領で、「今日の東京は天気がいいですね」などとタモリが言うと、観客が声を揃《そろ》えて「そうですね!」と返す。一種の儀式である。

すると、なにを言っても観客が「そうですね!」と返してくるので、そのうちそれを面白がったタモリが「そうですね!」とは答えられないような質問をし、客席が困惑して黙ってしまうのを見て「してやったり」とニンマリする場面が増えていった(時には「勝った!」と喜ぶパターンもあった)。あるいは、ことわざや格言、企業のキャッチフレーズなどの上の句をタモリが言い、下の句を観客が答えるというパターンも生まれ、ここでも観客がすぐには答えられないような上の句を言って喜ぶ場面があった。

そこには、従順すぎる観客(世間)への攻撃性、しかしストレートではない屈折した攻撃性が感じ取れる。批評的なシニカルさをベースにした知的笑いである。

そしてそのシニカルさが、自分自身に向けられることもあった。

一時、タモリがよく使っていた「国民のおもちゃ」という表現がある。

『いいとも！』が回を重ねるなかで、演者と観客の境界線はどんどんなくなっていった。それは1980年代のテレビの笑いが演者と視聴者との仲間感覚を強調したことで自ら招いた状況でもあったが、『いいとも！』においてもやはり、観客はタモリをまるで親しい遊び仲間のように見なすようになった。前章でふれた「友だちの輪」の誕生エピソードも、観客のカジュアルな参加意識のひとつの表れであることはいうまでもない。また、先にふれた「そうですね！」のやり取りもそうだろう。

ただそうした関係性は、ややともすれば演者のなかに遊ばれているという感覚を生む。そんな自分自身をタモリが自嘲的に表現したのが、「国民のおもちゃ」だった。『いいとも！』の人気が高まり、タモリが「昼の顔」になればなるほど、タモリを遊び仲間のようにとらえる一般人の数も飛躍的に増える。その点、「国民のおもちゃ」という表現が生まれる背景には、当時のテレビの影響力の大きさがあった。

ただ、そううそぶくときのタモリは、俯瞰的な観察する視線で、他人だけでなく自分自身をもシニカルにとらえている。自分のなかの「密室芸人」的な毒が、「昼の帯番組の司会者に収まっている自分」のウソ臭さに向けられている。それは、タモリ流の世間との折り合いのつけかた、すなわち「密室芸人」的な毒と昼の番組のメイン司会者という2つの両極端な立場のバランスを取ろうとした結果でもあっただろう。

タモリにとって「仕切らない司会」というのは、なにもしなければそれでよしということではない。「名古屋ネタ」が典型のように、むしろ攻撃的な本質を持つ。

ところが『いいとも!』においては、「観客＝一般人」がどんどん参加してくる。そうなるとタモリ自身、周囲との距離が取れなくなる。それは、「仕切らない司会者」として自由でありたいタモリにとって大げさではなく死活問題だ。他者との距離の確保こそが、タモリの観察するまなざしを自在に働かせ、そこに生まれる知的な攻撃性を発揮するうえで必須のものだからである。

すなわち、「国民のおもちゃ」という自虐は、「仕切らない司会」という独特の攻撃スタイルを保つためのぎりぎりの選択だったのではないだろうか。確かに司会者というポジションとタモリの根っこの部分にある「毒」のあいだでバランスを取ろうとすれば、毒が薄まることにもなりかねない。だが裏を返せば、タモリのなかの毒は、そうすることで温存された。つまり、「国民のおもちゃ」を盾にすることで、タモリのコアにあるものは守られた。その意味で、「国民のおもちゃ」を演じ続けながらも、タモリ本人の根っこの部分は変わらなかったと思える。

「ネアカ」と「ネクラ」

では、そうまでして守られなければならなかった根っこの部分とは、いったいどのようなものだったのか？　それを考えるうえでヒントになりそうなのが、「ネアカ」と「ネクラ」の話である。

これもまた、元は『オールナイトニッポン』でタモリが提唱し、広まったものだった。いうまでもなく、「ネアカ」とは「根が明るい」こと、「ネクラ」はその反対で「根が暗い」ことを表現する言葉である。「根が明るい」という表現は昔からあるものだが、「根が暗い」のほうは、タモリが使うことによって一般的になった。

タモリは言う。「根が明るいやつは、なぜいいのかと言うと、なんかグワーッとあった時に、正面から対決しない。必ずサイドステップを踏んで、いったん受け流したりする。暗いやつというのは真正面から、四角のものは四角に見るので、力尽きちゃったり、あるいは悲観しちゃったりなんかする」[*2]。つまり、対人関係や物事に対する柔軟性の有無が、両者を分ける。作家の小林信彦が解釈するように、シャレがわかるかわからないかの差だ、と言ってもいいだろう[*3]。

ただ、「ネアカ」と「ネクラ」を分けるのは、それほど簡単なことではない。最近だと「陽キャ」（「陽気なキャラクター」の意）と「陰キャ」（「陰気なキャラクター」の意）という一見似た言い回しもあるが、この「ネアカ」と「ネクラ」の場合、ただ陽気か陰気かを言い換えたわけではないところがミソだ。

たとえば、いつも明るく陽気に振る舞っているひとが必ず「ネアカ」かと言うと、そうではない。タモリによれば、「表面が明るそうに見えても暗いやつ」がいる。逆もまた然《しか》り。あくまで「根の問題」なのだ[*4]。

したがって、タモリは、「明るい」か「暗い」かの二分法には与《くみ》しない。当時「ネアカ」と「ネクラ」も、流行語の常として単純な二分法でとらえられてしまう側面がなかったとは言えない。だがタモリの言いたいことは、そこではない。自身は「中間」だとも言う。物事を明快に割り切る二分法は気持ち良くはあるが、害がある。「面白い・面白くない」

にしてもそうだ。「面白いと面白くないの中間にはいろんな段階がある」とタモリは指摘する。[*5]

タモリの根っこの部分には「毒」があると書いた。そこだけ見ると、いかにも暗い印象だ。だがだからと言って、タモリが「ネクラ」だということにはならない。

というのも、タモリの「毒」と言われるものは、世の中や他人に対する嫉妬や恨みのようなネガティブな感情ではなく、あくまで周囲の世界をフラットに観察して得られる知的な快楽、愉悦を根幹にしたものだからだ。その意味ではむしろポジティブであり、「ネアカ」であるとさえ言える。タモリ自身の「ネアカ」の定義にあった「正面から対決しない」「いったん受け流す」という表現は、タモリのフラットさに通じるものだろう。「毒」と「ネアカ」は両立する。タモリ自身が言う「中間」については、こういう解釈もできるのではあるまいか。

タモリが理想とした「無」

そうしたなかで、タモリにとっての理想の生きかたとして見えてくるのが、「意味というものにとらわれない生きかた」である。

「自分の主義主張だとか、思想、建前をもって人と会うなということ」、「いつもフラットな気持ちで、無の状態で人と会えば、ほんとうにわかり合える」というタモリの言葉は、そのあたりを指すものに違いない。[*6] フラットにひとと接することを妨げる最大の障害は「自分の主義主張だとか、思想、建前」、つまり何事にも意味づけしないと気のすまない姿勢であり、タモリにとってはそうした意味の呪縛から解き放たれて「無」になることがなによりも大切なのだ。

『オールナイトニッポン』の名物コーナーだった「思想のない音楽会」も、そんなタモリの「無」への志向を物語るものだった。当時のタモリは、歌に意味や思想を求めすぎることを嫌い、そのことを公言していた。フォークやニューミュージックは、歌に意味や思想を求める代表的なジャンルとして批判されていたのである。それとは逆の、まったく意味のない歌の素晴らしさを称《たた》えようと始まったのが、このコーナーだった。

そこで発掘された一曲が、高田浩吉の歌った「白鷺《しらさぎ》三味線」（1954年発売）である。高田は主に時代劇で活躍した往年の歌う映画スターで、この「白鷺三味線」も彼のヒット曲のひとつ。三味線の音色に乗せて男女の仲を歌ったものだ。ただ決して情念の世界を描いたものではなく、「白鷺は　小首かしげて　水の中」という詞で始まる歌は軽快そのもの。タモリはそんな曲をなんのメッセージ性も感じられないとして絶賛した。そして高田浩吉の存在を世代的に知らなかった若者もそのタモリの言葉に反応して話題になり、リバイバルヒットした。

こうした意味や思想を拒む「無」への志向は、タモリが芸能界入りする前からすでに身につけていたものだった。

幼い頃、幼稚園に通うよう言われたタモリは、事前に見学をした。するとそこでは、「ぎんぎんぎらぎら夕日が沈む♪」と子どもたちがみんなでお遊戯をしていた。それを見たタモリは、「自分にはこんな恥ずかしいことはできない」と幼稚園に入ることを拒否した。

よくタモリが話すこのエピソードもまた、「無」への志向を示すものだろう。まだ自分で物事の判断ができない子どもへ自分たちの価値観を押しつけて満足する大人たちの「偽善」に、タモリは直観的に気がついたのである。「精神年齢がいちばん高かったのは、4

歳から5歳にかけて」とは、タモリ本人の弁である。[*7]

そんな偽善への嫌悪感を、タモリは「ルール」は嫌いという言いかたでも表現している。法律であれ道徳であれ、ルールというものは総じて意味や思想を強制する側面を有している。幼稚園のお遊戯も一人ひとりが自由に楽しむよりは、みんなで揃えることが目的と化してしまっている。そこに「仲が良いことは絶対的に良いこと」という意味（価値観）を強制しているのである。

そんな偽善やルールだらけの世の中に対して、タモリは「毒」をもって対抗しようとする。得意とするパロディは、偽善やルールを茶化し、できることならば無効化しようとするためのものだ。少なくともそうすることで、自らは「無の状態」にあろうとした。

意味をはぎ取られた物事は、常識人の目からは「バカバカしい」ものにしか見えないだろう。しかしタモリはこう言う。「バカなものにある、開放的というか、日常からはみでた突飛性という得体のしれない力を楽しむ、これは知性がなければできないことだからだ（略）。どんなものでも面白がり、どんなものでも楽しめる、これには知性が絶対必要だと思う」。[*8]

80年代とタモリ、その重なりとずれ

こうしたタモリのスタンスは、1980年代当時のテレビ、そして世の中の状況と照らし合わせると興味深い。

よく知られるように、『いいとも！』を制作・放送したフジテレビは、1980年代「楽しくなければテレビじゃない」というキャッチフレーズを掲げ、「軽チャー」路線を突っ走った。そして視聴率首位の座を長年守り続けた。『いいとも！』は、『オレたちひょうきん族』などとともにそうした「フジテレビの時代」を支えた中心的番組であった。

確かに、タモリの「ネアカ」と「ネクラ」もそうした時代の流れに棹《さお》さすのに一役買った面があった。世の人びとは、「楽しくなければ」という考えのもと、「ネクラ」よりも「ネアカ」のほうが優れていると考える傾向があった。当時のフジテレビもまた、目に見える明るさを至上とする意味で「ネアカ」であり続けようとした。

だが「ネクラ」よりも「ネアカ」が勝るなどと順位をつけること自体が、なんらかの意味づけ、価値観にとらわれた行為であることはいうまでもない。

そうではなく、タモリが最終的に目指したのは、人間の抜きがたい習性とも言える分類、つまり意味づけそのものから逃れ、「無」のポジションにいることであった。タモリの「仕切らない司会」というのも、その延長線上にあったと言えるだろう。「仕切る」とは文字通り区分することであり、それもまた意味づけに通じるものだからだ。確かに、『ミュージックステーション』でのタモリはスーツにネクタイというフォーマルな装いだ。その意味ではルールに従っている。だが、それは世間に「司会者」と認識させるための記号にすぎない。あとは、「仕切る」ことを徹底して避け、ひたすらその場を楽しみ尽くす。それが〝司会者・タモリ〟だった。

その点では、タモリは１９８０年代のテレビ、そして時代からも常に距離を置いていた。だからこそ、１９８０年代がもたらした明るさ至上主義の時代が終わっても、タモリというタレントはそれに影響されず、ある意味ずっと超然としていることができた。このあたりの話は、また後で詳しくふれてみたい。

第4章　視聴者を巻き込んだテレビ的空間

——芸人と素人の共存と混沌《カオス》

前章では、タモリの「仕切らない司会」とはどのようなものだったのかについてみた。この章では、『笑っていいとも！』における素人の存在に注目する。『いいとも！』では、一般視聴者参加の企画も多かった。また、応募してきた一般の観覧客が入る公開生放送であった点も忘れてはならない。そうした素人は、『いいとも！』にとって果たしてどのような存在だったのか？　テレビと素人の歴史を踏まえつつ、探ってみたい。

素人に支えられていた『いいとも！』

『いいとも！』の一方の主役は素人だった。

これほど素人が随所に登場した番組も珍しいだろう。いいとも青年隊が頻繁に、番組のエンディングで「希望者は明日の○○時までにアルタ前に集合してください」などと企画への参加者を募集していた。そして実際、そうした企画にはユニークな素人がしばしば登場した。

企画の内容はさまざま。たとえば、有名人や芸能人の「そっくりさん」企画などは定番だった。友人や家族が推薦人となり、「そっくりさん」を紹介する。もちろんシンプルに似ていることもあったが、「3歳かよっ！　やんちゃなさまぁ〜ず三村」といった紹介フレーズのように、小さな子どもが大人の芸能人のそっくりさんとして登場するなど、一ひねりしたパターンもよくあった。

同じく、素人が芸や技を披露するのではなく、そのまま登場する企画としては「年齢当て」もある。見た目と実年齢にギャップがある素人が何人か登場し、コンテスト形式で競い合う。小学生かと思えるほど幼く見えるのに実は大学生だとか、中年サラリーマン風の男性が実はまだ高校生だとか、そうした素人が続々登場した。

また、視聴者からの投稿によるコーナーもあった。たとえば、「今ドキ早口言葉」は、

「青山テルマ　赤山テルマ　黄山テルマ」のような新作オリジナルの早口言葉を視聴者が投稿し、優秀作品を決めるというもの。なかには投稿者の思惑が外れていまひとつのものもあったが、そこからちゃんと盛り上げる演者の力量も含めてラジオ的な面白さがあった。番組後期にはSNSなどでの自撮り写真の流行を背景に、面白写真を視聴者に送ってもらうコーナーもあった。

むろん、視聴者がお題やテーマをもとに特技やパフォーマンスを披露するコーナーも少なくなかった。番組初期にあった「ジュンちゃんのブラボーダンス」などもそのひとつだ。コーナー司会はタレントの高田純次。高田の持ち芸であるハイテンションの奇妙なオリジナルダンスがベースで、一般の素人がノリノリの音楽に合わせて思うがままダンスパフォーマンスを繰り広げ、チャンピオンを決める。同名のレコードを高田純次が出すというおまけもついた。

純然たる素人とは言えないが、プロ野球・読売ジャイアンツの川上哲治と長嶋茂雄の物真似をするドン川上（現・DON）とチョー長嶋（現・プリティ長嶋）による番組初期の人気コーナー「きたかチョーさん　まってたドン」も、印象に残る。川上哲治の厳格なイメージと長嶋の奔放なイメージのずれを笑いにするトークコーナーである。2人とも芸達者で、プロの物真似芸人と言ってもおかしくなかった（実際、その後そうなった）が、当時ドン川上は旅行会社の社員として出演していたし、2人とも『いいとも！』では本名でクレジットされていた。その点、〝素人〟的立ち位置であった。

ほかにもまだまだ素人が主役の企画はあった。いま挙げたのはその一端にすぎないが、これだけでも『いいとも！』が素人によって支えられていたことがうかがえるだろう。

タモリは素人にどう接したか

とはいえ、テレビに視聴者参加番組はつきものである。『いいとも！』もそのなかのひとつであり、その意味では特筆するほどのことではないだろう。だが他方で、素人に対するタモリら出演者の接しかたは、他の視聴者参加番組に比べても大きな特徴があった。

それは、前章でも述べたタモリの「仕切らない司会」に関係してくる。

一般に素人が番組に出てきたとき、多くの司会者は、その素人をコントロールしようとする。プロの芸人であれば、はみ出して暴れるにしてもどこまでなら大丈夫か心得ているという信頼感がある。しかし素人は、その加減を知らない可能性がある。だから素人を自由にさせることには、司会者にとってリスクが伴う。しかも『いいとも！』は、生放送である。その点、司会者が素人をきっちり仕切る感じになってもおかしくはない。

ところが、タモリはそうしなかった。素人に対しても、「仕切らない司会」は終始一貫していた。

そこには、完全に放任するというのともまた異なる、素人とのあいだの一定の、そして絶妙な距離感があった。相手が素人であろうと放置しつつ、その様子を事細かに観察している。不思議な雰囲気を持っていたり、変な仕草をしたりする素人が現れても、単刀直入にツッコんで片づけてしまうことはめったにない。「たとえツッコミ」をしたり、興味津々に質問攻めにしたりすることで、キャラクターをさらに際立たせていく。コーナーの趣旨とは関係なく、手元にある回答用のフリップに出演する素人の特徴をつかんだ似顔絵を描くこともよくあった。

それは、タモリだけでなく、『いいとも！』という番組自体のカラーにもなっていた。

長くレギュラーだった関根勤の司会などは、その最たる例だろう。関根が「そっくりさん」などのコーナーで司会を務めるとき、登場した素人に一言添えるのが独自の芸になっていた。パッと見たイメージだけで、「そうめんを5人前食べます」「(女性2人が出てくると)カラオケでは必ずWinkを歌います」などとそのひとの風貌や服装、雰囲気から勝手に想像して形容する。コーナーの趣旨と直接の関係はあまりない。言われた当の本人も戸惑ってきょとんとしていたりすることもないわけではなかったが、それがまた面白かった。やはり「たとえツッコミ」の一種で、ある意味決めつけているわけだが、不思議と不快感がない。これもおそらく、相手との絶妙な距離感が保たれていたからだろう。

視聴者参加番組小史──70年代まで

ここでいったん、テレビと素人の歴史を振り返ってみたい。

テレビ以前のラジオ時代から、NHKの『のど自慢素人音楽会』(現・『NHKのど自慢』、1946年放送開始)に代表されるように、多くの視聴者参加番組がつくられてきた。そこには、1945年の敗戦を受けて起こった社会全体の民主化の潮流があり、放送もまた例外なく開かれた民主的なものにしようという意図が反映されていた。それは、プロと素人の線引きが基本的に厳格な映画にはない部分でもあっただろう。

その流れは、1953年に本放送が始まったテレビにもそのまま受け継がれた。代表的なのはクイズ番組やバラエティ番組だが、ここでは『いいとも!』との比較でバラエティ番組に比重を置いて振り返りたい。

たとえば、1960年代には、『踊って歌って大合戦』(日本テレビ系、1965年放送開始)という人気番組があった。司会は初代の林家三平。5人一組の素人が登場し、まず1人が歌を歌った得点に、グループの踊りの点数が加えられる。踊りは阿波踊りの要領だが、種類はなんでもよく自己流で構わない。それを見た会場の盛り上がり具合によって、点数が上下する仕組みである。

「爆笑王」と呼ばれた三平の人気もあり、番組は平均視聴率約20%を稼いだ。当時のスタッフによれば、「毎回応募が殺到し、三日も四日も、朝から晩まで予備選考に追われ」たという。[*1] ただ、三平も素人も一緒になってひたすら踊り狂う内容に、「下品」という世間からの批判も出た「低俗番組」第1号でもあった。[*2]

1970年代にも、変わらず視聴者参加番組は盛んにつくられた。たとえば、クイズ番組だと日本テレビ『アメリカ横断ウルトラクイズ』（1977年放送開始）がある。その名の通り、大規模な海外ロケを敢行するなかで一般の素人参加者をスターにしたという点で画期的だった。

バラエティ番組でも、同じ傾向は生まれた。特にこの時期、関西のテレビ局発の視聴者参加番組が人気を得た。

公開お見合い番組『パンチDEデート』（関西テレビ、1973年放送開始）、大学生による公開合コンの「フィーリングカップル5vs5」が人気となった『プロポーズ大作戦』（朝日放送、1973年放送開始）、さらに「かぐや姫」と呼ばれる女性のハートを射止めるため、大学生がゲームや歌などで競い合う『ラブアタック！』（朝日放送、1975年放送開始）など。いずれも、大学生を中心とした若者たちが自由に自己アピールし、それを桂三枝（現・桂文枝）、横山やすし・西川きよし、横山ノック、上岡龍太郎など関西の人気芸人が司会として面白くしていくというスタイルだった。

萩本欽一がもたらした「素人の時代」とその後

これらの例からもわかるように、視聴者参加番組の基本フォーマットのひとつは、芸人と素人の組み合わせだった。その流れのなかで、テレビにおける素人のパワーをおそらく誰よりも真剣に受け止め、それを番組に取り込むことによって一時代を築き上げたのが、「欽ちゃん」こと萩本欽一である。

萩本が素人に着目するようになったのも、自らが司会を務める視聴者参加番組がきっかけだった。

それは、『オールスター家族対抗歌合戦』（フジテレビ系、1972年放送開始）という番組で、芸能人や有名人が自分の家族とともに登場し、歌を競い合うという内容だった。むろん家族の多くはみな、素人である。

あるとき、地方から来た年配の男性が、地元の町会長をしていることもあったのか、いきなりマイクを持って「本日は家族をお招きいただきましてありがとうございます」と挨拶を始めた。そして続けて、「こうしてNHKに出られて、わたくし、生涯の幸せです」と言い、「NHK」を連呼し始めた。周りが止めようとしても止められない。だがその光景が、萩本にとっては可笑《おか》しくてたまらなかった。[*3]

『オールスター家族対抗歌合戦』の司会の話がきたとき、萩本欽一は怒ったという。「コメディアンとしての価値がない」と言われたように思ったからである。[*4] 当時はまだ、芸人がMCをすることはステータスではなく、むしろ逆だった。

だが、いま述べたような素人との出会いを経て、萩本は、テレビにおいては熟練したプロの芸人よりも笑いのスキルなどない素人のほうが面白くなるということに気づく。そして1970年代後半以降、『欽ちゃんのドンとやってみよう！』（フジテレビ系、1975年放送開始）や『欽ちゃんのどこまでやるの！』（テレビ朝日系、1976年放送開始）など自らの冠番組のなかで、素人への街頭インタビューをしたり、素人をレギュラー出演者として起用したりするようになる。しかもそれらの番組は軒並み高視聴率を獲得。素人は、一躍テレビにおける笑いの主役になった。「素人の時代」の到来である。

ただし、そこでの素人は、根本的には萩本欽一というプロの芸人に依存していた。萩本が素人に対してさりげなく（時には予定外の）指示を出したり質問をしたりして、それに対し素人が失敗したり、思いもかけない反応をしたりすることで笑いが生まれる。

たとえば、『欽ちゃんのドンとやってみよう！』での街頭インタビューなどはわかりやすい。街中で萩本欽一が素人にインタビューし、右腕を突き上げながら「欽ちゃんのドーンとやってみよう！」というタイトルコールをしてもらうようお願いする。しかしテレビに慣れていない素人は、「欽ちゃんのドーン！」などとタイトルを言い間違えたり、カメラを見ていなかったり、腕を上げ忘れたりする。萩本はそこを見逃さず、「そうじゃなくてこうやって」などと何度も繰り返させる。

笑いのためにはある程度素人が自由に振る舞えるようにすることが必要だが、基本的には萩本が手綱をしっかり握って素人をコントロールする。そんな関係性のうえに、萩本欽一と素人の笑いは成り立っていた。そうしたかたちでツッコミ（フリ）役を務める萩本欽一は、番組内でも父親役を演じていたように、いわば素人に対する保護者のような存在だった。

だが時代が進み、1980年代後半になってくると、素人はプロの芸人の手を離れ、自立し始める。『天才・たけしの元気が出るテレビ!!』（日本テレビ系、1985年放送開始）などがそうで、この番組ではヘビメタバンドのメンバーやパンチパーマ軍団など、素人の個性的な風貌や言動がそのまま笑いになるというパターンができ上がった。そこには、萩本欽一のように素人に直接ツッコむ芸人はいない。むしろ放置される。素人のありのままの様子が笑いを生むようになったのである。

プロと素人の共存から生まれる混沌《カオス》の魅力

1982年に始まった『いいとも！』は、1970年代から1980年代後半のあいだにおける「素人の時代」の移行期に位置する。しかし見かたを変えれば、そこにはちょうどいい依存と自立のバランスが成立していた。素人が適度に依存し、適度に自立していると言ったらよいだろうか。

そうしたバランスが上手く成立したことに関しては、やはり人一倍鋭い観察力を持つタモリの存在が大きいだろう。

タモリの素人との距離は、萩本欽一ほど近くない。したがって保護者のように接することはないし、自分から笑いの型にはめようとすることもない。だが観察し、発見することへの好奇心は強い。言い換えれば、自分から素人を動かそうとはしないが、素人に関心がないわけではない。むしろ、興味津々と言ってもよい。タモリにとって、素人は、観察欲をかき立て、他人があまり気づかないような面白さを見つけて満足させてくれる存在なのだ。

そこに、一定の、そして絶妙な距離感を保った素人との関係性が生まれる。『いいとも！』の素人は、その距離感のおかげで1970年代よりは多くの自由を享受し、自己主張の度合いを高めた。その一方で、タモリ、あるいは『いいとも！』がつくり出す空気のなかで、もしなにかあったとしても笑いにして場を収めてくれるという一定の安心感も得た。

第2章でもふれた「テレフォンショッキング」に一般人が出演したケースなどは、その好例だろう。そこには、自己主張のための参加欲求を抱く素人と、それを観察して面白がるタモリとの〝利害の一致〟があった。間違って電話がかかってきた素人の反応をタモリが楽しむ一方で、素人は自らの意思でそのハプニングに乗っかるという両者の阿吽の呼吸ができていた。そうでなければ、もし間違い電話がかかってきたとしても、実際に出演するという流れにはならなかったはずだ。

つまり、『いいとも！』の特徴でもあったハプニングは、プロの芸人と素人がそれぞれの欲求を主張し合いながら共存するところに生じる魅力的な混沌の産物だったと言えるだろう。

ナンシー関が見た舞台裏

観客もまた、もう一方の素人として、その混沌の重要な一端を担った。

たとえば、1986年1月24日放送の「タモリ・さんまの日本一の最低男」のコーナーで、こんな場面があった。

女性が失神する真似で遊んでいたら本当に頭をぶつけて失神してしまったという視聴者のハガキから、女性は本当に失神することがあるという話をタモリと明石家さんまが始めた。すると、最前列にいた観客の女性が「しないよー」と反論してきた。会話に参加しないようにと釘《くぎ》を刺すさんまに対し、それでも話に入ってこようとする女性。しまいには、「なら、お前がやれよ、ここへ来て！」とさんまが言って、場内は笑いに包まれた。[*5]

この場面だけを見るといかにも観客が独断専行しているように見えるが、『いいとも！』において観客がビビッドに反応を示すことは珍しいことではない。たとえば、「テレフォンショッキング」でトークが一段落し、タモリが「それではそろそろお友だちのご紹介を」と促すと、観客が一斉に「えーっ！」と声を上げ、なかには「いやだっ」と言う観客もいる。そんな場面が連日繰り広げられるのが、この番組だった。

その裏には、制作側による〝誘導〟もあった。コラムニストであり、テレビ批評家としても有名なナンシー関は、自ら『いいとも！』を観覧しに行ったことがある。そのときの体験談が興味深い。

すぐに「えーっ！」などと声を上げる『いいとも！』の客席の反応は過剰だと常々テレビの前で思っていたナンシー関は、本番前の前説でAD（アシスタント・ディレクター）が、「思ったことは即、口に出して表してください」と観客を直接指導したことに驚く。[*6] つまり、観客の積極的な反応は、制作側によって直々に奨励されたものだったわけである。

むろん、そう言われてその場で観客がそうできるのは、日々『いいとも！』を見ることで、「対処のノウハウを家庭学習してきている」からだ。[*7] 観客にとって『いいとも！』は、視聴者として予習してきた成果を披露できる晴れの場であった。その意味では、タモリだけでなく、番組そのものとのあいだにも視聴者（＝観客）は、〝利害の一致〟を見ていたのであり、その結果、タモリとさんまに話しかけた女性観客のような、従来のテレビではあまり見られなかった（そして現在のテレビでも見られない）〝視聴者参加〟が生まれたのである。

テレビにおける余白の意味――ネット時代のなかで

こうして見てくると、『いいとも！』という番組には、テレビのエッセンスが凝縮されていたことを改めて実感する。制作者、演者、そして視聴者の三者は、互いに交わり、重なり合いながら、あるときは阿吽の呼吸で一体感を生み出し、またあるときはそれぞれの立場を主張してぶつかり合った。それは、映画などにはない、視聴者（受け手）をも巻き込むテレビのメディア的特性を具現する場であった。

こうした『いいとも！』のような空間は、インターネットが普及し、素人がテレビよりも容易に自己主張できる場が格段に増えた現在では生まれにくくなっていると思える。YouTubeやインスタグラム、TikTokなどでは、素人は自己表現と自己プロデュースに余念がない。そうしたネット文化においては、日々進歩するとともに容易にもなった編集や加工技術などの手も借りながら、誰もが自分の望む見えかたをコントロールできるようになった。そしてフォロワーを増やし、「インフルエンサー」として影響力を行使することも可能になった。

つまりそこには、タモリが観察してツッコミを入れられるような余白は、もはや簡単には見当たらない。だが、それでテレビが決定的に衰退すると考えるのは、もちろん早計だろう。裏を返せば、『いいとも！』のように余白の存在をフル活用する番組づくりを進めることで、テレビはネットに対して独自性を示し続けることができるはずだ。このことについては、本書の最後のところで改めてふれたい。

第5章　聖地・新宿アルタ

——「流浪のひと」タモリが新宿で芸人になった理由

前章までは、『笑っていいとも！』という番組自体にスポットを当ててみてきた。この章では少し視点を変え、「新宿」という場所に注目してみたい。『いいとも！』の公開生放送の場となったのがいうまでもなく新宿アルタであったのと同時に、福岡から上京したタモリが芸人として見出《みいだ》されたのもまた新宿であった。その符合が示す文化史的、テレビ史的意味合いについて掘り下げてみたい。

闇市から歌舞伎町へ——新宿の戦後史

まずはざっと、新宿という街の歴史について振り返っておこう。

現在の新宿の始まりは、江戸時代に甲州街道沿いにできた宿場である「内藤新宿」とされる。そして明治以後は、鉄道の発達とともにターミナル駅として栄えた。とりわけ1923年の関東大震災によって東京の東側が壊滅的な被害を受けたこともあり、そのとき以降、新宿は東京の西の代表的盛り場として急速に発展することになる。

とはいえ、その新宿も、多くの街がそうであったように戦時中の空襲ではかなりの大きな被害を受けた。だがいち早く復興への第一歩を記したのもまた、新宿だった。

敗戦からわずか5日後の1945年8月20日、テキ屋の元締めだった尾津《おづ》組の主導により「新宿マーケット」が開かれる。「光は新宿より」という看板を掲げたこのマーケットは、その後全国に誕生する闇市の先駆けとなった。いうまでもなく闇市自体は非合法のものだが、極度の食糧・物資不足のなかで人びとの生活を支えた場所でもあった。当時、ヤミ屋や露天商は、東京だけでも7万6000人に達したとされる。[*1]

しかし、次第に世の中も落ち着きを取り戻し始めると、新宿にも本格的復興に向けた都市整備計画が持ち上がる。新宿駅前にあった「新宿マーケット」は、少しずつ解体されていった。そのなかで多くの商店主が移り住んだのが、同じ新宿の歌舞伎町だった。

「歌舞伎町」は、戦後生まれた町名である。その地が角筈《つのはず》と呼ばれていた頃の町会長・鈴木喜兵衛が、敗戦直後に民間主導の復興計画を立てた。それは、歌舞伎の劇場を建設し、そこを中心に映画館や演芸場、ダンスホールなどが集まった芸能の街をつくるという思い切った構想だった。

だが結局、財政的な問題などもあって歌舞伎劇場建設の計画は頓挫する。その夢は、1948年に新しく生まれた町名のなかの「歌舞伎」の文字に残ったにすぎなかった。ただ、芸能の街をつくるというコンセプトは受け継がれ、いまなおそうであるように映画館などが集まった一大娯楽街が形成されることになる。1956年には、北島三郎ら演歌歌手の座長公演で有名だった新宿コマ劇場が誕生。2008年の閉館まで、長らく歌舞伎町のシンボルとなった。

新宿の60年代――カウンターカルチャー時代のジャズと演劇

その新宿コマ劇場のすぐ近くには、第1章でもふれたように「ジャックの豆の木」という1軒のスナックがあった。歌舞伎町は飲み屋の集まる歓楽街としても有名である。ゴールデン街などには、文化人や芸能関係者が集まる店も多い。「ジャックの豆の木」は、そんな店のひとつだった。常連には、作家の筒井康隆、漫画家の赤塚不二夫、ジャズピアニストの山下洋輔、フォーク歌手の三上寛《かん》など錚々《そうそう》たる顔ぶれが並ぶ。そして1970年代中盤、この店のママや常連が主体となって福岡に住むタモリを東京に呼ぶ会がつくられ、そこからタモリは芸人への道を歩み出すことになる。

ここで少し時間をさかのぼり、新宿が担っていた文化的役割にふれておく必要があるだろう。

1960年代中盤から後半は、世界的に反体制運動が大きく盛り上がった時期である。そして新宿も、学生運動をはじめとした政治行動の中心的な街のひとつになった。1968年、ベトナム戦争反対を訴える学生たちが新宿駅ホームを占拠し、機動隊と衝突した「新宿騒乱」事件は、そうした政治運動と新宿の密接なつながりを端的に物語る。

反体制運動は、文化面においても大きな潮流となった。そして新宿は、カウンターカルチャーにおいても大きなうねりを生んだ。なかでもジャズと演劇は、新宿と切っても切り離せないものだった。

ライブハウスとして有名な「ピットイン」は、1965年、その店名からもわかるように車好きのための喫茶店として始まった。そして開店後、渡辺貞夫らジャズミュージシャンに演奏場所を提供し、高い評判を得るようになる。そこから新宿はジャズの街として発展し、その熱気に吸い寄せられるように多くのミュージシャンが新宿に集まった。

そうしたミュージシャンのひとりが、フリージャズの旗手として時代を牽引することになるピアニストの山下洋輔である。

山下は、麻布《あざぶ》高校在学中にプロミュージシャンとなり、国立音楽大学では作曲を学んだ。1966年には自己のトリオを結成し、国内や海外で演奏活動を繰り広げる。そして1969年、「山下洋輔トリオ」を結成。試行錯誤のなかでフリージャズの手法に行き着いた。そのなかで編み出された「ドラムに対抗するために鍵盤へ肘打ち」をするといった常識破りの演奏スタイルは、聴衆を驚かせる。突然のフリージャズへの転換だったが、山下洋輔は、「69年の新宿はデモ隊と機動隊が戦っていた時代」であり、「ぶち壊そうとするやつが重んじられた時代」であったことが影響していたと振り返る。[*2]

一方、新宿では演劇活動も盛んだった。

当時、特にセンセーショナルな話題を呼んだのが、既存の演劇の常識やスタイルを根本から批判し、破壊しようとするアンダーグラウンドな劇団、いわゆるアングラ劇団である。有名なところでは寺山修司の「天井桟敷」、鈴木忠志の「早稲田小劇場」、佐藤信《まこと》の「劇団黒テント」などがあったが、そのなかで新宿を拠点にしていたのが唐《から》十郎率いる「状況劇場」だった。

状況劇場は、1963年に旗揚げ。「状況」は、フランスの哲学者、ジャン＝ポール・サルトルに傾倒していた唐十郎が、サルトルの著作『シチュアシオン』(「状況」の意味)にちなんだものだった。唐らは、屋内の空間から飛び出してハプニングの現出を核とする街頭演劇(一例を挙げれば、役者たちが座禅を組んだり、泳いだり、のたうちまわったりするといった劇を公園の池を舞台に上演した)や野外公演などを経て、1967年8月、新宿花園神社の境内に紅《あか》テントを建てて公演をするようになる。*3

この紅テントでの公演によって、状況劇場は一気に世の注目を集めるようになった。そのとき上演された『腰巻お仙』が評判を呼び代表的演目となっていく一方、そのラディカルな手法やメッセージはしばしば公序良俗を乱すものと見なされ、行政や警察とのあいだに衝突を起こした。

その対立がピークを迎えたと言えるのが、「新宿西口公園事件」である。

当時の新宿は、カウンターカルチャーの隆盛のなかで生まれたヒッピー文化の中心でもあり、いわゆるフーテンがたむろしていた（そのなかには、芸人になる前のビートたけしもいた）。状況劇場はその象徴的存在として警察にマークされ、結局花園神社の境内から追放されることになる。だが唐十郎たちもそれで引き下がることはなかった。そこに起こったのが、「新宿西口公園事件」だった。

１９６９年１月、状況劇場は、都の中止命令にもかかわらず新宿西口の中央公園で『腰巻お仙・振袖火事の巻』の公演を強行する。都の職員が警戒するなか、劇団員の李礼仙《りれいせん》（１９８７年に李麗仙に改名）や磨赤兒《まろあかじ》らが陽動作戦を行い、監視の目をかいくぐってテントを建て、ゲリラ上演を敢行した。すぐに機動隊が出動して現場は騒然とした雰囲気になったが、上演は最後まで行われた。しかし、上演終了後、唐十郎らが都市公園法違反で逮捕された。[*4]

そんな山下洋輔、そして唐十郎だったが、１９６７年２月に２人は新宿で共演している。

「ピットイン」の深夜興行『ジョン・シルバー（時夜無《ジョム》　銀髪風人《シルバアア》）』である。

同作は唐十郎作で、スチーブンソンの小説『宝島』に想を得たもの。ジョン・シルバーは、そこに登場する片足を失った一本足の海賊であり、悪役である。『ジョン・シルバー』では、ジョン・シルバーが戦後の日本に転生して行方も知れぬ旅に出ている。そのシルバーを女房の小春が追いかける話を軸に、物語は展開する。

終電も終わる夜中の0時半から始まった公演で、山下らミュージシャンは、台本なしに唐の芝居を見ながら、役者の動きやセリフに生演奏の音を絡ませる。その芝居も、絶叫し、荒れ狂うというようなすさまじいものだった。それに負けじとばかりに演奏が対抗する。つまり、単に伴奏するのでも、芝居とは無関係に演奏するのでもなく、音楽と芝居が拮抗《きっこう》し融合しながら、いままでにない相乗効果をもたらす。その公演はたちまち口コミでの評判を呼び、行列ができるほどの人気となった。[*5]

タモリが70年代の新宿で再現したもの

そんな怒濤《どとう》の１９６０年代も過ぎ去った１９７０年代中盤、山下洋輔は、タモリとの出会いを果たす。それはまさに、偶然のいたずらとでも呼ぶほかないような出会いだった。

演奏のため福岡を訪れていた山下は、その日宿泊先のホテルでグループのメンバーである中村誠一、森山威男といつもの遊びに興じていた。中村がユカタ姿で踊り、山下と森山はデタラメ三味線と長唄をするという遊びである。するとそこに、部屋のドアがたまたま開いていたのをいいことに突然現れ、その無礼をデタラメの朝鮮語で咎《とが》めた中村に、同じデタラメの朝鮮語で三倍は流暢《りゅうちょう》に話し始めた男がいた。*6

それが当時福岡にいた森田一義、後のタモリである。タモリは、早稲田大学時代の友人がその日コンサートで山下洋輔トリオと共演した渡辺貞夫のグループのマネージャーだったので、同じホテルを訪ねていた。そこで部屋から漏れ聞こえてくる山下らの遊びに気づき、闖入《ちんにゅう》したのである。東京に戻った山下は、その奇跡的な出会いの興奮を「ジャックの豆の木」のママや常連たちに語って聞かせた。そして、まだ「謎の男」にすぎなかったタモリを東京に呼ぶ会が結成されることになる。

1975年、「ジャックの豆の木」に招かれたタモリは、その場ででたらめ外国語や一癖ある物真似、パロディなど後に「密室芸」と呼ばれるようになる数々の芸を披露した。

ただしそこは、寄席や演芸場のような空間とは違っていた。常連客のリクエストによってネタに次々とアレンジが加えられ、また時には赤塚不二夫など常連客が共演者にもなってしまうような、演者と観客の垣根のない自由な空間だった。

これは「ジャックの豆の木」でのことではないが、有名なイグアナの物真似は、山下洋輔のアイデアから生まれたものだったという。一緒に温泉に行ったタモリたちに、山下がワニをやれと言った。4、5人が四《よ》つん這《ば》いになってワニの体勢で誰かが来るのを待つ。そして知らないひとが入って来ると、ワニさながらに動いて風呂のなかに入り、奥のほうで目だけを出してジーっと見ている。すべて山下洋輔の演出であり、ここからイグアナの物真似へと発展していった。[*7]

タモリは、幼い頃から偽善、ひいてはルールが嫌いだった。それは、暗黙の裡《うち》に一定の意味づけ、価値観を強制するからである。それに対抗するため、タモリは、「ルール」に対し「リズム」を対置する。ルールが「守る、守らない」の問題であるとすれば、リズムは「合う、合わない」である。ルールが求めるものに反して周りの人間と違うことをすればなんらかの罰を受けるが、リズム感はひとそれぞれ。周りの人間と違っていてもいい。

むしろ、異なるリズムが合わさることで、全員にとって心地よい空間が思いがけず生まれることもある。

その意味で、タモリにとって、「ジャックの豆の木」は、いわば〝ライブハウス〟、1960年代の「ピットイン」のような空間だったと言えるだろう。

そこでの関係性は、観客がいつの間にか参加者にもなるアングラ演劇にも、また決まった型から外れて自由に奏でる、タモリが愛するジャズのアドリブセッションにも似ている。タモリは、1960年代に山下洋輔と唐十郎が体現したジャズと演劇のような異質なもの同士の邂逅《かいこう》を、同じ新宿の「ピットイン」からそれほど離れていないスナックで、今度は笑いとして再現したのである。

もうひとつの歴史——新宿アルタと80年代

一方、新宿には、そうした1960年代的な顔とはまた別の顔があった。そしてそこから誕生したのが、新宿アルタである。

「テレフォンショッキング」で、ゲストが電話の相手に新宿アルタの場所を説明する際に

「二幸《にこう》のあったところ」と言うことがあったのを覚えているひともいるだろう。それを聞いて「ああ、あそこね。わかるわかる」などと電話口で応える翌日のゲストも多かった。

この「二幸」とは、二幸食品店のことである。

二幸食品店は、食品のデパートとして有名だった。三越グループに属し、それ以前は三越新宿店がその場所にあった。それが1930年、現在のビックカメラ新宿東口店のある場所に移転し、代わって二幸が新たに開店したのである。*8

「テレフォンショッキング」の会話が普通に成り立っていたように、多くの買い物客に親しまれた二幸食品店だったが、1970年代後半になると三越、フジテレビ、ニッポン放送が合弁会社をつくり、再開発が進められる。そして1980年4月に誕生したのが、新宿アルタであった。

「アルタ」という名は「オルタナティブ（alternative）」に由来する。そこからもわかるように、新宿アルタは新時代を意識したビルだった。

キーワードは「情報」である。基本はファッションビルだが、外壁にアルタのシンボルにもなった巨大ビジョン、2階にバルコニーステージ（たびたび芸能関係のキャンペーンの開催場所となり、1981年、映画『セーラー服と機関銃』公開記念で主演の薬師丸ひろ子が行ったイベントの際には、新宿駅前に1万人以上のファンが詰めかけたとされる）、そして7階にテレビ番組の放送などに使う多目的スタジオ「スペースアルタ」と、情報発信が強く意識されたビルだった。*9

もちろん、フジテレビが再開発に加わった意味もそこにあった。

当時同じ新宿区の河田町《かわだちょう》にあったフジテレビは、低迷していた視聴率の回復を目指し、柔軟な番組編成を実現するため看板長寿番組の終了、また切り離していた番組制作部門の本社への再統合など、後に「80年改革」と呼ばれることになる抜本的改革を進めようとしているところだった。

そこに、折しも同じ1980年を起点に爆発的な漫才ブームが起こる。フジテレビは、『花王名人劇場』でその先鞭《せんべん》をつけ、さらに『THE MANZAI』でブームをリードした。その結果、視聴率も一気に上昇に向かった。

放送スタジオの機能を有する新宿アルタの開業は、そうしたフジテレビの転換点と重なった。元々フジテレビには生放送が売りのお昼の帯バラエティ番組の伝統があり、漫才ブームの到来はまさに渡りに船であった。こうして、B&B、ツービート、島田紳助・松本竜介、ザ・ぼんちなど漫才ブームの人気者、さらには明石家さんまも加わり、新宿アルタからの生放送となるバラエティ番組『笑ってる場合ですよ！』が、帯番組として始まった。

要するにこの『笑ってる場合ですよ！』は、漫才ブームと新宿アルタ、つまりフジテレビと新宿の街が交わったところに生まれた番組だったと言える。そして、その後始まったのが『いいとも！』であった。それまで決してフジテレビの番組や漫才ブームの主流にいたわけではなかったタモリは、そこで初めて1980年代のテレビ、ひいてはマスカルチャーの中心に放り込まれたのである。

「流浪のひと」だったタモリ

「ジャックの豆の木」から新宿アルタへ。こうして振り返ると、奇《く》しくも1945年8月22日という敗戦とほぼ同時のタイミングでこの世に生をうけたタモリがたどった軌跡は、新宿の戦後史の転換点に重なっていたことがわかる。

1960年代、新宿はカウンターカルチャーの中心だった。そしてその名残は、197

0年代においても、歌舞伎町やその周辺にまだ色濃くあった。山下洋輔や赤塚不二夫が常連であり、タモリの芸人としての出発の場となった「ジャックの豆の木」は、そんな場所のひとつだった。

だが新宿には、そうした怪しげで猥雑《わいざつ》なパワーを発散する夜の街としての顔もあれば、昼間から多くの人びとが買い物や食事に訪れる東京有数の盛り場としての顔もある。それは長らく、三越や伊勢丹、そして二幸食品店といったデパートによって代表されてきた。

ところが、1980年代になると、そこに「情報」という側面が加わった。むろん、インターネットなどはまだ存在しなかった。情報発信の中心は、圧倒的にテレビだった時代だ。そして新宿アルタは、盛り場の中心に情報発信の拠点を築こうとした点で、確かに時代の最先端を行っていた。そうして新宿アルタは、テレビの聖地となった。同時に『いいとも！』の司会に抜擢されたタモリは、時代の最前線に躍り出ることになる。

とはいえ、タモリは、時代やテレビの中心に立つことに満足してしまうタイプの人間ではないだろう。それは、良識やモラルといったルールに縛られ、がんじがらめにされて身動きが取れなくなってしまうことになりかねないからだ。

『タモリ倶楽部』は、『いいとも！』と同年に始まっている。そのお馴染みのキャッチコピーは、「流浪の番組」である。それをもじれば、タモリそのひともまた「流浪のひと」だ。

「ジャックの豆の木」の有志から東京行きの新幹線のチケットが送られてきたとき、タモリは、それまでの仕事などすべてを辞めてしまっていた。東京に呼ばれたから辞めたのではない。「三十になったら、今やってることを全て辞めてしまおう」と以前から考えていたことを実行に移したのである。[*10]

すでに30歳になった人間が、特に理由もなく、職からなにからすべてを捨てるというのは、あまり常識ではあり得ない。だがタモリは、それを実行した。そこには、定住することを拒絶する生きかたが垣間見える。そしてタイミング良く舞い込んだ上京の誘いに乗ったわけである。しかもそこに、一旗揚げてやろうというようなありがちな気負いはいっさい感じられない。タモリは、「ジャックの豆の木」での彼の芸をたちまち気に入った赤塚不二夫のマンションで居候生活を決め込んだ。つまり、仮住まいの生活をひたすら楽しんだ。どこまでいっても、タモリという人間には、やはり「流浪のひと」という表現がぴったりという感じがする。

歌舞伎町でホストクラブなどを経営する手塚マキは、「歌舞伎町は目指す街ではなく、漂流した末に辿り着く街だ」と言う。「昨日までの自分と決別して、ただの1人の人間として再出発できる街」、それが歌舞伎町だ。*11

過去を捨てるにも、ひとそれぞれの事情があるだろう。だがいずれにしても、タモリもまた、氏素性を問わず受け入れる新宿という街に吸い寄せられるように流れ着いた人間のひとりだったのではないか。そんな「流浪のひと」だからこそ、ここまで何度かふれてきたように、タモリは1980年代のお祭り騒ぎ的なテレビのなかにいながらも決してそれに呑《の》み込まれることなく、むしろテレビへの醒《さ》めた距離感をずっと保ち続けることができたのではないだろうか。

第6章　『いいとも！』と「フジテレビの時代」
——80年代テレビの熱狂と冷静のあいだ

１９８０年代、テレビは「フジテレビの時代」を迎える。それまで低迷していたフジテレビは、１９８０年代初頭の爆発的な漫才ブームをきっかけに数々の人気バラエティ番組を生み出し、「軽チャー路線」を掲げて視聴率競争の首位をひた走り続けた。ここでは、この文脈のなかに改めて『笑っていいとも！』を置き直し、『オレたちひょうきん族』など同時代の代表的バラエティ番組とも比較してみたい。

「ポツダム社員」の奮闘——フジテレビの「80年改革」

『笑っていいとも！』のディレクターのなかには、当時「ポツダム社員」と呼ばれた人たちが多くいた。なぜそう呼ばれたのか？　その説明には、少し前置きがいる。

１９７０年代、フジテレビは長い低迷のなかにあった。そこで経営陣は、「80年改革」と呼ばれる社全体の思い切った改革に乗り出す。局の看板番組として長年にわたり放送されていた月曜から金曜の夜の帯番組『スター千一夜』（１９５９年放送開始）を柔軟な編成の妨げになるとして終了させたこともそのひとつだったが、なんと言っても大きかったのは「分社化」の解消だった。

それまでフジテレビは、番組制作部門をプロダクションとして子会社化し、そこに発注するかたちをとっていた。だがそうした経営的理由からの分社化は、制作現場の活気を著しく損なうものだった。そこで経営陣は、制作プロダクション所属の社員をこぞって本社に復帰させる決定を下す。その社員が、いつしか「ポツダム社員」と呼ばれるようになった。

「ポツダム」という表現は、いうまでもなく太平洋戦争終結時の「ポツダム宣言」に由来する。敗戦時日本では、ポツダム宣言受諾後に士官候補生たちを従軍期間にかかわらず一律士官に昇進させる温情人事が行われた。将来の恩給額などに配慮してのことだったが、そうした特別扱いされた人びとは自らを「ポツダム少尉」と自嘲的に呼んだ。それになぞらえて、簡単な試験と手続きで本社復帰した社員を「ポツダム社員」と呼んだのである。

フジテレビアナウンサーとして社内事情をよく知る立場にあった露木茂《つゆきしげる》は、当時をこう振り返る。「実はポツダム社員が奮起したので八〇年代のフジテレビがあったんです。もう制作プロダクションで定年まで一生終わると思っていた人間が、親会社のフジテレビの社員になったわけですから、当然のことながら給料とか待遇も全部親会社の正規にフジテレビに入っていた連中と全く変わらない、そこでものすごく奮起したんです[*1]」。

『いいとも！』のプロデューサーであった横澤彪も、そんな経緯をよく知るひとりだった。横澤は、分社化の際に労働組合運動の中心にいたことで、フジサンケイグループ内の産経新聞出版局への出向を命じられるなど、テレビ番組制作の現場から一時離れた経験の持ち主でもあった。

彼も、当時の「ポツダム社員」のモチベーションの高さを目の当たりにした。「ポツダム社員」のなかには、元々フジテレビ社員で制作プロダクションに出向していたようなケースだけでなく、制作プロダクションへの入社組が簡単な試験だけでいきなりフジテレビの社員になったケースもあった。当然、彼らは意気に感じて燃えた。[*2] そうした若いディレクターたちを、1980年代の横澤は自らがプロデューサーを務める多くの番組で率いることになったのである。

漫才ブーム到来が意味するもの

とはいえ、組織改革だけでは、1980年代のフジテレビの躍進は起こり得なかっただろう。そこには、時代の流れ、いわば運に恵まれたとしか言いようがない部分もあった。漫才ブームの到来である。

漫才ブームの直接のきっかけは、第1章でも簡単にふれたように、フジテレビ系列で放送されていた『花王名人劇場』だった。この番組は、落語、講談、浪曲、さらには幇間芸《ほうかんげい》のような伝統的な大衆芸能をそれぞれの分野の名人の芸を通じて紹介する内容で、いわゆるバラエティ番組とはかなり趣が異なる。公開収録の場所も、国立劇場演芸場などが使われていた。

その路線のなかで、漫才を特集した回があった。1980年1月20日放送の「激突！漫才新幹線」である。東西の漫才師を集めたネタの競演企画で、出演したのは、西からは横山やすし・西川きよし、そして東からは星セント・ルイス、それに若手代表としてB&Bの3組。それぞれ10分以上というたっぷりの持ち時間でネタを披露した。

『花王名人劇場』は、さまざまな上質の伝統大衆芸を見せることを目的とした番組で笑いを前面に出さない回もあり、そのこともあって視聴率的には苦戦していた。ところが、この漫才企画がいきなり関東で15・8％、関西で27・2％の視聴率を獲得する。

その後、「激突！漫才新幹線」の企画は定番化するとともに、漫才への注目も一気に高まっていく。特に「もみじまんじゅう！」などスピーディなギャグを次々と連発するB&Bの漫才は従来の伝統芸的漫才に慣れた目には新鮮で、若手コンビの台頭を一気に促すことになった。その後に続くように、ツービート、島田紳助・松本竜介、ザ・ぼんち、西川のりお・上方よしおらのコンビも若者を中心に人気が爆発し、空前の漫才ブームとなっていく。

漫才ブームは、よくある一過性のブームではあったが、そこには漫才そのものの本質的な変革があった。

漫才ブームにおける漫才は、若手ならではのスピード感や時事問題も盛り込むネタのフレッシュさだけが画期的だったわけではない。より本質的だったのは、彼らの多くが自分でネタを書いたということである。現在では当たり前のことだが、当時は座つきの漫才作家が別にいて彼らがネタを書くことが普通だった。ところが、B&B、ツービート、島田紳助・松本竜介らは、自分でネタを書いた。必然的に、そこにはまだ若い彼らが日常的に感じている本音やメッセージ、世の中への不満が盛り込まれることになる。「赤信号みんなで渡れば怖くない」のような、ビートたけしの一連の〝毒ガスギャグ〟などは、その典型である。

そうしたリアルな部分は、それまで漫才を古臭いものととらえ、まったく興味を抱いていなかったような若者に一転して目を向けさせた。若者は、芸人たちの本音やメッセージに共感した。芸人が、若者の代弁者になったのである。

笑いに参加する観客

漫才ブームにおいてフジテレビは運に恵まれたと書いたが、それでは正確さに欠ける面もある。そのブームは、フジテレビがすかさず機をとらえ、主導し、大きく育てたものでもあったからである。

その象徴が、1980年4月1日に第1回が放送された『THE MANZAI』である。1982年まで計11回にわたって放送された同番組は、ブームが最高潮に達した1980年後半には20%を超える視聴率を連発し、特に同年12月30日の放送回では、32・6%を記録するほどだった。ただ、番組の構成は凝っているわけではない。前述のB&B ら若手を中心とした複数の漫才コンビが次々とステージに登場するネタ見せ番組である。その点では、とてもシンプルな番組だ。

しかしそこには、従来の伝統的な演芸番組とは一線を画す演出上の工夫が随所に施されていた。漫才をアルファベット表記にしたタイトルもそうだが、セットもよくある演芸場を模したようなものではなく、電飾をちりばめたカラフルなディスコ風のセットを設《しつら》えた。そしてDJとして有名な小林克也による英語でのおしゃれな紹介。登場の音楽も、いわゆる出囃子《でばやし》ではなく、フランク・シナトラの洋楽をアレンジしたものだった（その辺は、現在のM－1グランプリにも近い）。

また、観客層も変えた。演芸番組と言えば、「笑い屋」と呼ばれる、なんでも笑ってくれるような年齢層が高めの仕込みの女性たち、いわゆるサクラが観客として入っているのが通常だった。ところが、『THE MANZAI』ではそれをいっさい止《や》めて、大学生を中心とした若者を集め、観客になってもらった。[*3]

すると、この番組のプロデューサーでもあった横澤彪にとっても、予想外のことが起きた。

横澤は、このときの驚きをこう振り返る。「彼ら（引用者注：大学生の観客のこと）のリアクションの速さに、ぼくは圧倒された。ギャグをシャープに受け止めるし、面白くなかったらクスリともしない。大変厳しくて、正直。これはいままでお笑い番組をつくっていたぼくたちの視野にないお客だと驚いた」。[*4]

つまり、若者たちの笑いへの感度の高さ、その根底にある鋭い批評精神に、横澤は思いがけず気づかされ、認識を新たにしたのである。

そこで浮かぶキーワードは、「参加」である。若者たちは、観客の立場で演者との関係性を積極的に築くようになった。そうすることで、演者とともに笑いを成立させる参加者になった。言い換えれば、それまでのようにプロの演者のネタをただお客として享受する受け身の立場ではなく、批評する目を持って主体的に笑いに関与するようになったのである。

『笑ってる場合ですよ！』の〝失敗〟

1980年10月に始まり、B&Bを総合司会に、ツービート、島田紳助・松本竜介、ザ・ぼんちらが曜日レギュラーとして出演した『笑ってる場合ですよ！』は、スタジオアルタからの公開生放送。『THE MANZAI』を経験した横澤彪にとって、漫才ブームの主役である若手芸人と主体的に参加する若い観客（視聴者）がともに笑いの現場をつくり上げる新しいバラエティ番組となるはずだった。

しかし、事態は思わぬ方向へ進む。

漫才ブームには、お笑い芸人のアイドル化という側面があった。B&Bたち出演者が本番で登場すると、観覧席からは若い女性を中心とした熱狂的な声援が飛ぶ。さらにはその延長で、芸人の側が意図していないところでも観客からの笑いが起こるようになった。自分の好きな芸人の一挙手一投足に注目している観客は、その当人がちょっとつまずいたようなときでも笑い声を上げるのである。

前述したように、「笑いというのはパロディーにしろナンセンスにしろ基本は凄く知的なもの」と考えるこの番組のプロデューサーである横澤彪にとって、それは許しがたいことだった。[*5]観客の批評精神、笑いに関する知性の確かさにふれ、最も驚嘆していたのがほかならぬ横澤だったからである。

そこで横澤は、『笑ってる場合ですよ！』を終わらせることを決断する。この〝失敗〟への反省を踏まえ、笑いの場に知性を取り戻すために新番組の司会者として白羽の矢を立てたのが、タモリであった。

『いいとも！』のディレクター、そして後にプロデューサーも務めた佐藤義和は、制作プロダクションからフジテレビに入社した「ポツダム社員」のひとりである。佐藤は、『いいとも！』でのタモリの司会について、こう評する。「普通に淡々とやっていましたね。こっちがちゃんと演出して、準備してやればそのとおりやってくれる。タモリとしてはすごく怖かったんだろうけど、やっていくうちに『これでいいんだったら、いいや』って思ったんじゃないかな」[*6]。

この発言を文字通りとらえれば、タモリはやる気がなかったとさえ受け取れる。「ポッダム社員」として意気軒昂《けんこう》だった側から見れば、冷めていると思えたかもしれない。だが、「淡々と」した司会は、笑いの場に知性を取り戻すためには必要な冷静さだったのではないか。タモリにとっては、それが平常運転だった。そこに、タモリ一流の観察眼を発揮する余地も生まれたと言えるはずだからだ。

「楽しくなければテレビじゃない」と〝面白至上主義〟

そうした制作現場の試行錯誤のあいだにも、漫才ブームを起点として始まったフジテレビの快進撃は続いていた。1982年についた「視聴率三冠王」の座は、結局1993年まで12年連続で維持されることになる。

この時期、フジテレビが掲げた「楽しくなければテレビじゃない」のキャッチコピーも「フジテレビの時代」を象徴する文言として有名だ。打ち出したのは、1981年のことである。

それまで使われていたキャッチコピーは、「母と子のフジテレビ」。親子で安心して見られる番組づくりを目指していたわけである。実際、『ママとあそぼう！ピンポンパン』（1966年放送開始）など、子ども向けの人気長寿番組が看板番組でもあった。

一方、「楽しくなければテレビじゃない」というコピーには、〝面白至上主義〟が明確に打ち出されている。面白さも多種多様だが、この場合は漫才ブームを背景にした「笑い」がその中心にあることは明白だった。当然、視聴者も親子というよりは、笑いに敏感な若者を想定していた。

それは、シリアスな重々しいものよりも、コミカルで軽いものが上だとする価値観の反映でもある。実際、「カルチャー」に引っかけた「軽チャー」という造語も、この頃のフジテレビが多用したワードである。文化のなかにはもちろん重厚な部分もあるわけだが、そうしたものもすべて笑い飛ばしてしまおうという空気が、世間全般に醸成されていた。その中心にいたのがテレビであり、なかでもフジテレビであった。

『ひょうきん族』が実現したお祭り空間

そんなフジテレビの方向転換、そしてそこからの快進撃の先兵的役割を果たしたと言えるのが、1981年に始まった『オレたちひょうきん族』である。ビートたけし、島田紳助などの漫才ブームの主役たちに『笑ってる場合ですよ！』でもレギュラーだった明石家さんまらを加えたメンバーで、音楽番組『ザ・ベストテン』のパロディ「ひょうきんベストテン」、またビートたけしがメインの特撮ヒーローもののパロディ「タケちゃんマン」といったコーナーを中心に、人気を博した。

放送時間は土曜夜8時台。この時間帯には、高視聴率で「お化け番組」と呼ばれたドリフターズの『8時だョ！全員集合』が長年君臨していた。そこに『ひょうきん族』は、敢然と闘いを挑んだ。「はじめに」でも述べたように、笑いの手法も対照的だった。『全員集合』が、入念なリハーサルを繰り返して構築される「つくり込まれた笑い」であるとすれば、『ひょうきん族』は、たけしをはじめとした演者のその場のノリを重視し、台本にとらわれないことをむしろ良しとする「アドリブの笑い」で対抗した。

アドリブの応酬による笑いは、必然的に熱気をもたらした。たとえば、「タケちゃんマン」では、大体の場合、最後はタケちゃんマンに扮するビートたけしとブラックデビルのような敵役に扮する明石家さんまとのボケ合戦、アドリブ合戦になった。セットで大きな池がつくられていたとする。すると、台本に関係なく、2人は、どう面白くその池に落ちられるか、何度もボケを繰り返す。そこに、スタッフの大きな笑い声が起こる。すると2人は、その笑い声に押されるように、疲労困憊《こんぱい》するまでアドリブのボケをやり続ける。

そこに生まれる高密度の熱気は、それまでのテレビでは味わえなかった高揚感を視聴者にももたらした。当然ながら、物理的には、視聴者はテレビの前にいてその場にはいない。だが、笑いの関係性に主体的に関与するようになった視聴者は、面白ければ笑い、時には画面にツッコむことで、笑いの現場に参加している。そういう感覚をリアルに抱いていた。そうしてテレビは、笑いの関係性を媒介にして、社会全体を巻き込む日常的な祭りの場と化したのである。それは、一種の無礼講的空間、明文化されたルール以前のノリを優先した空間であった。

なぜ「内輪の笑い」なのか?

しかしながら、客観的に見れば、本質的にそれは「内輪の笑い」だった。芸人同士が互いに相手のプライベートな隠し事を暴露し、楽屋落ち的なネタで笑い合うパターンなどは典型的なケースである。『ひょうきん族』で、明石家さんまと下積み時代から親しい島田紳助がさんまのかつての恋人役に扮し、さんま本人とともに当時のエピソードを再現したコントなどは、最もわかりやすいものだろう。

その輪には、スタッフも加わっていた。『ひょうきん族』では、特筆すべきこととして、スタッフは笑い声としてだけでなく、演者としてもしばしば登場した。彼らは、「三宅デタガリ恵介」や「荻野ビビンバ繁」という名でコントに出演。しまいには「ひょうきんディレクターズ」としてレコードデビューまでした。

そうなると当然、芸人と同様、私生活での行状（キャバクラ通いなど）をバラされるということになる。スタッフの参加は、『ひょうきん族』における内輪ネタの色をいっそう濃くすることになった。

視聴者は、そうした内輪の笑いをどう受け取っていたのか？　普通ならしらけてしまいそうなところだが、そうはならなかった。漫才ブームで顕在化した笑いへの参加意識の高まり、その結果生まれるお祭り感覚の勢いのほうが勝っていた。もちろん現場の当事者よりは距離感をもって見ていたのは間違いない。しかし、ツッコみながら見ていたとしても、笑いの関係性という点においては、それはすでに〝参加〟のひとつのかたちだった。

大きく見れば、そこには1960年代からの高度経済成長がもたらした「一億総中流」の意識、さらにそれを土台にした1980年代前半のバブル前夜における遊び感覚の世の中全体の高まりがあった。一言で言えば、疑似的なものであったとしても、日本全体がある種壮大な内輪になっていた。だから、そこにはもはや「外」自体がなく、現実にはそれが社会全体という大きなものであったとしても結局は一定の範囲での内輪の笑いにすぎないとは気づかれなかった。近年、「コンプライアンス」が厳しく言われるようになった歴史的背景には、こうしたテレビがもたらす疑似的で壮大な内輪空間が大きく揺らぎ、亀裂が入ったこと、そこにモラルや法律、社会規範といったテレビの外側の視点が生まれたことがあるだろう。

『いいとも!』はテレビがつくった「広場」だった

一方、『いいとも!』にも、内輪の笑い的なところがなかったとは言えない。

たとえば、ブッチャー小林は『いいとも！』のディレクターのひとりだったが、「テレフォンショッキング」に電話をかける役として登場。その際、お昼なのにまだちょっと眠そうな顔で出てきたりすると、タモリから「二日酔い？」などといじられることもしばしばだった。その点では、『ひょうきん族』のたけし、さんまと「ひょうきんディレクターズ」とのやり取りと変わらない。また、タモリがレギュラー出演者に番組だけで通用するような独特なあだ名をつけるパターンも同じだろう。そこには、出演者やスタッフ間の親密さ、内輪感覚が表現されていた。

しかし『いいとも！』の空間は、もう一方で開放的でもあった。

まず『ひょうきん族』と違い、『いいとも！』は視聴者参加番組でもあった。さまざまなコーナーには毎日のように一般の素人が登場した。また、公開生放送である点も、『ひょうきん族』との明確な違いだった。「いいともー！」や「友だちの輪！」のようなコール&レスポンスはもちろん、本番中も観客から声が上がり、それにタモリなど出演者が反応することもよくあった。

そうした素人は、いずれにしてもその場限りの存在であり、その点タモリらレギュラー出演者とは当然異なる。だが逆に言えば、『いいとも！』がやはり祭りの場であったとしても、そこには素人にとって出入りの自由、本人が選択できる自由があった。プロと素人とのあいだの壁は、総体的に低いものだった。

『いいとも！』とは、その意味においてテレビがつくった公共の場、いわば「広場」だったと言えるだろう。放送されるのが、テレビ局のスタジオではなく、新宿という繁華街の街中にあるアルタというビルからだったということも、その印象を強める。

そこから連想すれば、タモリは、『いいとも！』という広場のちょっと出たがりな管理人といったところだろうか。常に中心にいて取り仕切ろうとするのではなく、広場に遊びにくる人びとを眺めながら、面白そうなことがあると時々参加して、そこにいる人びとにちょっかいをかけてニヤリとする。そんな得体の知れない人物という感じだ。

「『いいとも！』とは広場である」。この仮説については、またこの後のところで折にふれてじっくり検討することにする。

第7章　『いいとも！』と「お笑いビッグ3《スリー》」

――タモリ、たけし、さんまの関係性

前章で述べた通り、1980年代に「フジテレビの時代」が到来する。そのアイコン的存在となったのが、タモリ、ビートたけし、明石家さんまの「お笑いビッグ3」だった。では、『笑っていいとも！』における3人の関係はどのようなものだったのか？　タモリとさんまの「雑談コーナー」、たけしの「テレフォンショッキング」出演などから探ってみたい。

オープニングに〝乱入〟したたけし

改めていうまでもないだろうが、タモリ、たけし、さんまが正式にトリオやコンビを組

んだことはない。だが１９８０年代中盤から後半、３人の存在感は、テレビ、ラジオ、映画、文筆活動など多方面での活躍を通じてお笑い芸人のなかでも群を抜くものになっていた。

タモリは、同じ１９８２年に始まった『笑っていいとも！』と『タモリ倶楽部』、それにコント、トーク、音楽を盛り込んだ本格的バラエティショー『今夜は最高！』も放送され、また１９８７年からは、いまも続く人気音楽番組『ミュージックステーション』の総合司会に就任するなど、テレビの世界で着実に活動の幅を広げていた。

ビートたけしは、テレビでは『オレたちひょうきん族』、ラジオでは『ビートたけしのオールナイトニッポン』（ニッポン放送、１９８１年放送開始）を活動の両輪とする一方で、映画『戦場のメリークリスマス』（１９８３年公開）出演などを通じ、俳優としても高く評価されるようになる。そして１９８０年代末には『その男、凶暴につき』（１９８９年公開）で北野武《きたのたけし》として映画監督デビューし、こちらでも高い評価を受けた。また、自伝的小説『浅草キッド』（１９８８年刊行）や数々のエッセイが人気を博するなど、文筆活動も盛んだった。

明石家さんまは、『笑っていいとも！』ではタモリと、『オレたちひょうきん族』ではたけしと共演し、名コンビぶりを見せた。また、『あっぱれさんま大先生』（フジテレビ系、1988年放送開始）では、子どもたちとのトークバラエティで新境地を開く。さらにアイドル的存在でもあったさんまは、大竹しのぶと共演し、トレンディドラマの先駆けとなった恋愛ドラマ『男女7人夏物語』（TBSテレビ系、1986年放送）に主演して高視聴率をあげるなど、俳優としても存在感を示した。

このように、この時期3人はそれぞれの道を行きつつ、まさに八面六臂《はちめんろっぴ》の活躍を続けていた。それが、「お笑いビッグ3」と呼ばれるようになる素地としてあった。

その頃、たけしが『いいとも！』に乱入したこともあった。1986年9月5日の放送である。

いつものように、オープニングで半熟隊（最初の「いいとも青年隊」からメンバーも替わり、このときはこう呼ばれていた）が歌い踊る。そしてタモリ登場……のはずが、マイクを持って姿を現したのはビートたけし。「ウキウキWATCHING」の歌詞も適当に歌い出す。少し遅れてタモリも登場。「なにやってんの!?」と問い詰めるタモリに、「え？　『笑ってる場合ですよ！』」と返すたけし。自分も出演していた『いいとも！』の前番組と勘違いして新宿アルタに来たというボケである。そこに、セットの横側の扉のすき間から恐る恐る顔を出して様子をうかがう明石家さんま。促されて渋々出てきたものの、2人の姿に気圧《けお》されたのか、「こんな息詰まるオープニング初めてやわー」「酸欠状態」などと言い、「立つ位置困るわー」とぼやきながら2人の周りをウロウロする。この日は金曜日で、ちょうどさんまの出演日だった。

年齢的に近いタモリ（1945年8月生まれ）とたけし（1947年1月生まれ）に対し、2人よりもかなり年下のさんま（1955年7月生まれ）という構図が、この場面からもうかがえる。この後述べる『27時間テレビ』での「さんま愛車破壊事件」もそうだが、3人が一緒のときは、基本的にこの関係性がベースになっていた。

いずれにしても、このときの会場の歓声の大きさ、興奮ぶりはすさまじく、3人の当時の人気を物語る。そしてもうひとつわかるのは、〝乱入〟というイレギュラーなかたちででもなければ、多忙を極める3人の共演はなかなか実現しなかったということである。それだけ3人の揃い踏みは、貴重なものになっていた。

「お笑いビッグ3」誕生の瞬間

そうしたなか、いよいよ「お笑いビッグ3」が誕生することになる。

きっかけは、フジテレビが始めた『FNSスーパースペシャル　一億人のテレビ夢列島』、いわゆる『27時間テレビ』での3人の共演である。近年はコロナ禍もあって放送されない年もあったが、この長時間の生番組は、かつてはフジテレビ恒例の年に一度の一大イベントだった（2023年から復活）。元々は、1978年から先行して始まっていた日本テレビのチャリティ番組『24時間テレビ』の感動路線に対抗したものであり、丸一日笑いで埋めつくそうという「祭りとしてのテレビ」を象徴する番組だった。

その第1回の放送は、1987年7月のことである。総合司会は、タモリとさんま。このとき2人は、『いいとも！』のトークコーナーで週に一度共演するようになっていた。『いいとも！』と同じく、横澤彪がこの『27時間テレビ』のプロデューサーを務めていたこともあって、この2人に白羽の矢が立った。

では、ビートたけしはなにをしていたかと言うと、謹慎中だった。前年の暮れ、交際相手の女性のことなど自身の私生活について記事にしようとした写真週刊誌「フライデー」による強引な取材態度に不満を募らせたたけしは、弟子のたけし軍団とともにその編集部に殴り込むという「フライデー襲撃事件」を起こしていた。その後、裁判では執行猶予つきの有罪判決を受け、反省の意味で長期の謹慎に入っていたのである。

そして約半年の謹慎後、芸能活動に復帰。そのタイミングでの『27時間テレビ』だった。出演が予告されていたたけしが登場したのは、タモリとさんまが待つ深夜のトークコーナーである。セットのソファーにタモリとさんまが座っている。するとそこに、「イヤ、イヤ、イヤ」と言いながら、たけしが照れ臭そうに登場し、3人のトークが始まった。

話は当然、謹慎のことに及んだ。ただ、そこに深刻さはまったくと言っていいほどなかった。たとえば、たけしが日焼けしているのをツッコまれ、実はゴルフ三昧《ざんまい》だったことが露顕する。するとたけしが「ダメだよ、ずっと家で読書していることになっているんだから」と返し、さんまが「ね、反省してないでしょ」とニヤニヤしながらカメラ（視聴者）に向かって話しかける。また、当時たけしが経営していたカレーショップで5歳以下は無料というちょっといい話になりかけると、今度はたけしが、子どもが来たら「張り倒して店に入れないようにする」などと、まだ暴力を振るっているかのような流れに持っていく。するとさんまが、ここでも「ね、反省してないでしょ」でオチをつける。こうしたやり取りが繰り返され、最後はたけしが「お風呂屋が閉まっちゃうんで」と、謹慎中で仕事がなくなりつつましい生活をしているかのような彼一流の言い回しで帰っていった。

このように不祥事さえもネタにしてしまうスタイルは、いまなら視聴者からのクレームも少なくないだろう。場合によっては〝炎上〟もするかもしれない。だが当時の世間は、むしろこれを『27時間テレビ』という祭りにふさわしいノリ、そして3人の記念すべき共演として歓迎した。

すると翌1988年の正月には、番組タイトルに「ビッグ3」を謳《うた》った『タモリ・たけし・さんま　BIG3　世紀のゴルフマッチ』（フジテレビ系）が放送され、翌年以降も恒例になった。また、『27時間テレビ』でも3人の共演は続いた。1991年には、示し合わせたタモリとたけしが車庫入れと称してさんまの愛車をわざとブロック塀にぶつけて破壊するという、いまでも語り草の「祭りとしてのテレビ」の極みのような「さんま愛車破壊事件」も起こった。こうして、「お笑いビッグ3」時代は幕を開けたのである。

珍しく受け身だった『いいとも！』のさんま

では、『いいとも！』におけるタモリと他の2人の関係性は、どのようなものだったのだろうか？

さんまが『いいとも！』にレギュラー出演するようになったのは、1984年4月。それ以前にも、1984年2月13日に「テレフォンショッキング」のゲストとして登場したことがあった。次のゲストとして、当時タモリが批判していたニューミュージックの小田和正を紹介した回である。これが、さんまの『いいとも！』初出演だった。

レギュラーになり、当初はひとりでコーナーの進行役を務めていたさんまだったが、1984年10月にタモリとのフリートークのみで進む「タモリ・さんまの雑談コーナー」がスタート。タモリ曰《いわ》く、雑談のみに終始するコーナーはそれまでなかった。これがたちまち人気となり、「タモリ・さんまの日本一の最低男」などと名を変えながら1995年9月まで続く番組の目玉コーナーになった。

この「雑談コーナー」で興味深かったのは、珍しくさんまがツッコまれ、いじられる受け身のポジションだったことである。

『踊る！さんま御殿』（日本テレビ系、1997年放送開始）などを見てもわかる通り、通常トーク番組におけるさんまは、番組を仕切り、他の出演者を自在に操る絶対的中心だ。さんまが絶好のフリをしたにもかかわらず、それに出演者が気づかず笑いにならなかった場合、即座に〝指導的ツッコミ〟が入ることも少なくない。しかも往々にして、他の出演者の話をネタにしながら、自分のエピソードでオチをつける。すなわち、MCであると同時に、ボケとツッコミの多彩な技を駆使して笑いを生み出す演者でもある。なんでも自分の笑いにしてしまう「お笑い怪獣」と呼ばれる所以《ゆえん》である。その貪欲さは、他の追随を許さない。

ところが、「雑談コーナー」では違った。基本的に主導権を握るのはタモリで、さんまはタモリからのツッコミを引き受けたうえで笑いを展開していくという立ち位置だった。もちろんさんまも反撃するなど見せ場も十分あるのだが、どちらかと言えば、タモリのつくった流れに乗って、そのうえでボケるといった感じだった。

たとえば、こんな感じだ。歌おうとしてもガラガラ声で高い音が出ないとさんまがぼやく。するとタモリがブラックデビルの声で歌えばイケるんじゃないかと言い出し、さんまにブラックデビルの声でザ・フォーク・クルセダーズのヒット曲「帰って来たヨッパライ」（ボーカルの加工音声がブラックデビルの声に似ていた）を歌わせる。だが歌い始めたものの途中で「歌詞知らんねん」とオチがつく（1987年10月2日放送）。

また、さんまの独特な仕草や「〜でっしゃろー」のような関西弁をタモリがこれでもかとばかりに誇張して物真似し、さんまを嫌がらせる場面もよくあった。あまりのしつこさに、思わず苦笑する場面やキレてしまう場面も。そこにも計算された部分はあるだろうが、とにかくタモリからいじり倒されたのが、『いいとも！』でのさんまだった。

もちろん、そこには10歳近い年齢差という部分もあるだろう。2代目笑福亭松之助に入門し、落語家として伝統的徒弟制度を経験しているさんまは、そのあたりはきわめて律儀だ。それゆえ、年齢的にはほぼ10歳年上のタモリには、後輩としてのスタンスを崩さなかったと言える（ただ、芸能界のキャリアでは自分が先輩というスタンスでタモリに〝説教〟するというパターンもあった）。

それに加えて明石家さんまという存在自体が、タモリ一流の観察眼から来る攻撃的笑いにとって格好の対象だったということもあるだろう。普通は気づかないような癖や特徴を素早く発見する鋭い観察力は、番組に登場する素人だけでなくさんまのような芸人に対しても容赦なく向けられた。特に「関西（吉本興業）の笑い」の代表であり、ベタな笑いも厭わないさんまは、タモリのフラットな視線で見るとき、茶化すにはうってつけの、ツッコミどころの多い存在だったと言える。

またさらに、さんまは、プロの芸人としての覚悟の強さを感じさせる一方、素人の代表のような一面もあった。それは、『オレたちひょうきん族』で、自分の恋愛エピソードをもとにしたコントを自ら本人役で演じていたところからもわかる。他の番組でもそうだが、『いいとも！』においても、自分の結婚や離婚などプライベートな部分をしばしばトークのネタにしていた。その点を踏まえれば、『いいとも！』におけるさんまは、他のコーナーに登場する面白い素人の延長線上にいた。タモリにとって、そうした意味でもさんまは興味をかき立てる存在だったのだろう。

たけしがタモリに贈った〝表彰状〟――共通点としてのニヒリズム

一方、たけしには『いいとも！』でのレギュラー出演はない。ただし、〝乱入〟はあった。先ほど述べたオープニングのケース以外にも、レギュラーだった作家・田中康夫のコーナー中に乱入する出来事（これについては後述する）もあった。

また、「テレフォンショッキング」へのゲスト出演は、1982年11月以来計4回ある。なかでも記憶に新しいのが、2014年3月31日、つまり『いいとも！』最終回の出演だろう。

この日、たけしは紋にフジテレビのマークをあしらった羽織袴《はかま》姿で登場すると、いきなり用意してきたタモリへの「表彰状」を読み上げ始めた。

ただそうは言っても、内容はたけし流のネタのオンパレード。観覧客を「初めて新宿に来た番組観覧の田舎者」と決めつけたかと思えば、タモリの素人時代については「パチンコ屋のサクラ」などと適当な職歴をでっち上げた。また密室芸は「一部のエセインテリの集団から熱狂的な支持」を受けたと言いたい放題。ほかにも当時世間を賑《にぎ》わせたゴーストライター事件に絡めた時事ネタや危ない芸能ネタなどが次から次へと飛び出した。

2人の芸風は異なる。タモリが緻密なパロディに本領を発揮する一方、たけしの真骨頂は、この「表彰状」でもわかるように建前を破壊する本音の鋭い舌鋒にある。

とはいえ、毒を含んだ批評性の笑いという点では同じだ。そしてその根底には、共通点としてある種のニヒリズムがあると思える。

横澤彪は、タモリの撮った写真がどれも暗いトーンで、人間が被写体になっていないところを見てタモリを「人間嫌い」と評した。しかしそれは、思想や意味にとらわれることのない「無」への志向に通じるものだった。

同様の志向は、たけしにもある。それは、監督を務める映画における唐突かつ無機質な暴力描写などから顕著に感じられるところだ。また、彼の監督作品に登場する青みがかった独特の色彩を帯びた映像を指す「キタノ・ブルー」も同様だろう。周囲の現実の騒々しさやうっとうしさを削《そ》ぎ落としていった結果、残るのが「くすんだブルー」になるというのがたけしの感覚だ[*1]。それは、タモリの撮った写真にまったくひとが写っていなかったということと本質的に重なるように思える。

そうしたニヒリズムは、創作物においてだけでなく、たけしの人生観にもある。明治大学に入学したものの大学生活に馴染めなかったたけしは、そのうち通学の途中駅だった新宿に通い始めるようになる。折しも1960年代末の新宿は、学生運動、そしてヒッピー文化の中心だった。たけしもまた、フーテンを決め込もうとする。しかし、そこで仲間が交わす哲学論や演劇論などが「なにかみな嘘《うそ》っ八《ぱち》のように聞こえてしかたなかった」[*2]。

つまりたけしは、周囲の人間がなにか深遠な意味でもあるかのように議論を交わす姿についていけなかった。その感覚は、やはり「偽善」を嫌ったタモリにオーバーラップする。ただしそれは、相手を理解することを拒絶しているわけではない。タモリは、「いつもフラットな気持ちで、無の状態で人と会えば、ほんとうにわかり合える」と言っていた。つまり、タモリにとって無になることは、むしろ相手を真に理解するために必要なことなのだ。

この点についても、たけしには似たところがある。それは、テレビと映画、言い換えれば「ビートたけし」と「北野武」の関係性から発見できる。

たけしにとって、テレビは「学校に行くみたいな感じっていうか、友達に会いに行く」

ような感覚だ。[*3] その点、「テレビは居心地はいい（略）。でも、その状態になるとまたイライラ」する。[*4] そこには、仲間と交わりその楽しさに浸りたい自分と、そうしたものいっさいから距離を置きたい自分という〝2つの自分〟がいる。そう考えるなら、たけしにとって映画とは、あらゆるものから距離を置きたい自分にとっての避難場所、そしてそこから世界をフラットに眺める場所という一面があったのかもしれない。そこでは、「キタノ・ブルー」のように、無になれる。

「テレフォンショッキング」での2人の会話を見ていても、互いに張り合うようなところはなく、むしろ仲の良さが感じられる。そのあたりは、年齢の近い芸人としての仲間感覚、新しい時代を切り拓《ひら》いてきた同志としての感覚ももちろんあるだろう。最終回の「テレフォンショッキング」でも、2人がまだ駆け出しだった頃のテレビ業界の思い出話に花が咲いていた。

だがそれ以上に、いま述べたようなニヒリズムへの傾斜という点で、本質的に似たもの同士だったのではあるまいか。それは、1980年代以降テレビがひたすら「祭り」化していくなか、2人ともその中心にありながら実は徹底して醒めていたということでもあるだろう。

「ビッグ3」の空気感

それに対しさんまは、究極の楽天主義者にも見える。「人生、遊んでなんぼ」をそのまま体現したようなさんまは、常にテレビという「祭り」の先頭に立ち続けてきた。

もちろん浮かれ続けるにも芸がいる。その点、さんまは筋金入りのプロフェッショナルである。加えて、自分の恋愛事情などプライベートな素の部分も巧みにさらけ出す。タモリやたけしが、そうした部分をさらすことについては比較的照れが見えるのに対し、さんまは自分語りをすることを厭わず、それが鉄板のネタにもなっている。前章で『いいとも!』は一般の素人が自由に出入りできる「広場」のような空間だったと書いたが、その点さんまは先ほどもふれたように素人の代表のような存在でもあり、ふらりと『いいとも!』に遊びに来たような風情があった。

しかし、さんまもまた、世間一般のイメージがそうであるように単に明るいだけの人間ではないだろう。「生きてるだけでまるもうけ」がさんまの座右の銘だが、その言葉からは楽天主義の裏側にある人生に対する諦観、人生を醒めて見るまなざしが垣間見える。そこには、タモリやたけしとも共有するニヒリズム、成功や権威などを否定はしないまでもそうしたものに執着しない潔さ、そこから生まれるしたたかな軽さが感じられる。それが、芸風もキャラクターも異なる3人が醸し出す共通した空気感にもつながっていると思える。

結局、1980年代に誕生した「お笑いビッグ3」の時代は、基本的に現在も続いている。盛衰の激しい芸能界において、3人揃っての息の長さは空前と言っても過言ではない。私たち視聴者は、この数十年間、「お笑いビッグ3」とともに生きてきた。『いいとも!』にも、その歴史は刻み込まれている。

最終回の「テレフォンショッキング」も時間が近づき、トークが終わったときのこと。たけしはもう必要ないはずの「次回のテレフォンゲスト」に電話をかける。その相手はさんまだった。「明日大丈夫?」とタモリに聞かれて、「いいとも―!」と答えるさんま。こうして最後は、「ビッグ3」がその長年の絆《きずな》、そしてその絆がこれからも続くことを再確認するかのような〝共演〟によって、『いいとも!』は大団円を迎えたのだった。

第8章　『いいとも！』の個性的なレギュラー陣たち

前章では、『笑っていいとも！』に見えるタモリ、たけし、さんまの関係性についてみた。とはいえ、当然ながら『いいとも！』は、彼ら「お笑いビッグ3」だけで動いていたわけではない。むしろ約32年間の歴史を通じ、これほど多彩な芸能人や有名人がレギュラーを務めた番組もまれだろう。この章では、その顔ぶれに映し出される『いいとも！』という番組の本質を探ってみたい。

出演期間が最長だった関根勤

延べ250人超がレギュラーを務めたとされる『いいとも！』[*1]。約32年の歴史において、実に個性豊かな面々がその時々の番組を飾ってきた。ではタモリ以外でレギュラー出演期間が長かったのは誰だろうか？　そこから振り返ってみることにしよう。

まず、最もレギュラー歴が長かったのが関根勤である。出演期間は、28年6か月の長きに及ぶ。1985年10月から2014年3月までレギュラーを務めた。番組開始3年後から終了までずっと出演し続けたことになる。

やはり関根に関しては、「身内自慢コンテスト」などの司会を務めたときの印象が強い。登場した素人の外見や雰囲気を見て瞬時にイメージを膨らませ、「今日の朝食は○○を食べてきました」というような、相手が不快にならない〝優しいツッコミ〟を入れて笑いをとるスタイルは、『いいとも！』という番組との相性が抜群だった。突き放してしまうわけでも、気を遣いすぎてしまうわけでもない。そこに見える素人との適度な距離感は、タモリとも一脈通ずるものがあった。

また興が乗ってくると、世間一般から見れば「くだらない」の一言で片づけられそうなひとり妄想を延々と続けても自身は苦にならないところも、2人は共通していた。

「グランドフィナーレ」におけるタモリへの感謝のスピーチで関根勤が語ったエピソードには、その一端がうかがえる。関根勤は、大の妄想好き。だがそれを聞いた多くの人たちは、延々と続く関根の妄想話について行けず、やめさせようとする。ところが、タモリは違った。あるとき、歌手のＳＰＥＥＤのメンバーが12歳でデビューしたという話をきっかけに、関根勤が今後「幼稚園隊」もあるんじゃないかと言うと、タモリはそれを一笑に付すこともなく、「赤ちゃん隊」「妊婦隊」もあるぞ、と妄想を一緒に膨らませた。関根はそのとき、「一生ついて行こう」と思ったという。タモリが対人関係においてリズム感を重視するという話を思い出させる。２人はノリが似ていたと言えるだろう。

タモリが最も頼りにした笑福亭鶴瓶

そして2番目に長かったのが、笑福亭鶴瓶である。１９８７年4月から２０１４年3月まで、27年にわたってレギュラーを務めた。出演の曜日も木曜日で、ずっと変わらなかった。

登場したコーナーは、さまざま。持ち前のフリートークの力を生かしたコーナーもあれば、いじられ役として扱われたコーナーもあった。

前者の例は、「タモ福亭ジュニア」。タモリと鶴瓶、そして千原ジュニアによる雑談コーナーで、タモリと明石家さんまの雑談コーナーの系譜を継ぐもの。『いいとも！』のレギュラーをさんまが降りてから、鶴瓶がそのポジションの一角を受け継いだことがわかる。

後者の例では、「つるブーのできるかな!?」がある。鶴瓶がブタの耳と鼻をつけた子ブタの「つるブー」役。そして山口智充《ともみつ》がムッゴロウならぬ「ムチャゴロウ」という名の飼育員役。つるブーが、大人なら普通はできそうなことを毎回課題として与えられ、1分以内に成功するかどうかチャレンジする。不器用な鶴瓶の悪戦苦闘ぶりを楽しもうというコーナーである。

関根勤にも言えるが、芸人か素人かを問わず人当たりが柔らかく、相手の個性をポジティブに面白がるスタンス、また時には「師匠」と呼ばれるような存在であるにもかかわらずいじられ役に回れる柔軟な芸風は、やはり『いいとも！』という番組と親和性の高いものだった。「つるブーのできるかな!?」などは、そうした鶴瓶の立ち位置をデフォルメしたもので、雑に扱われすぎな部分もあるにはあったが、ある意味いじられやすさを象徴する企画だったと言えるはずだ。

また、若手芸人の出演者が多いなかで、キャリア面でタモリと対等に接することのできる出演者としても、鶴瓶の存在は貴重だった。

1972年、6代目笑福亭松鶴《しょかく》に弟子入りした笑福亭鶴瓶は、テレビでは関西を中心に1970年代後半から頭角を現した。その頃は落語家なのになぜかアフロヘアで、いたずら好きなタレントだった印象が強い。受験もしていないのに大学の合格発表の会場に行って胴上げされ、騙《だま》されたテレビ局がそれをニュースで報じたこともあった。

その後1980年代前半には毎日放送制作のバラエティ『突然ガバチョ!』(TBSテレビ系、1982年放送開始)が人気となり、ようやく関西以外でもその存在を広く知られるようになる。ただ、そこから東京進出を図ったもののすんなりとはいかず、番組も長続きせずに苦労していた。そこに訪れたのが、『いいとも!』へのレギュラー出演の話だった。これを大きなきっかけにして、鶴瓶の名は全国的にも浸透していくようになる。

つまり、鶴瓶自身にとっても、『いいとも!』出演の意味は大きかった。またキャリア的に見て、テレビでの活躍を始めたタイミングやブレークの時期もタモリと重なっている。たけしやさんまとも同様だ。実力もそうだが、その面でも「お笑いビッグ3」にひけを取らない。したがって、特に明石家さんまが1995年9月でレギュラーを降りてからは、おのずと番組の重鎮的なポジションになっていた。

実際、タモリからの信頼もとても厚かった。ある時点で、鶴瓶は『いいとも！』を辞めることを考えていた。だがその旨を前もって報告した際、タモリは「あなたは辞めたらダメ」と言い、その場で番組プロデューサーに電話をかけ、辞めさせないよう直訴した。その光景を目の当たりにして、鶴瓶は番組が終わるまで出演し続けることを決心したという。*2

ちなみにレギュラーを務めた期間が長かった3番目から5番目までは、中居正広（レギュラー期間20年）、香取慎吾（同20年）、そして草彅剛《くさなぎつよし》（同18年6か月）とSMAP勢が並ぶ。いずれも1990年代中盤にレギュラーとなった。SMAPが『いいとも！』にもたらしたものについては次章で改めて述べたい。一言だけつけ加えれば、1990年代以降の『いいとも！』においてSMAPが担った役割の大きさが、この数字からだけでもうかがえるはずだ。

「お笑い第三世代」以降にとっての『いいとも！』

関根勤や笑福亭鶴瓶のようなベテラン芸人がレギュラーを長く続ける一方で、若手芸人にとって『いいとも！』のレギュラーになることは大きなステータス、全国区の知名度を得るためのパスポートでもあった。制作側も、これぞと見込んだ旬の若手芸人を積極的にレギュラーに起用した。たとえば、いまや揃って大御所となった「お笑い第三世代」の芸人たちも、そのような道を通ってきた芸人のうちに入る。

「お笑い第三世代」のなかでもいち早くレギュラーとなったのが、ウッチャンナンチャンである。１９８８年10月にレギュラーに就任し、１９９４年３月まで務めた。

タモリとともにやっていたクイズコーナー「世紀末クイズ〝それ絶対やってみよう〟」〈「形はシカクなのにサンカク〈三画〉のものはなに？」〈答えは漢字の「口」〉のようななぞなぞ的クイズ〉などが人気に。南原清隆が踊る「ナンバラバンバンバンダンス」も印象深い。『秘密戦隊ゴレンジャー』の同名エンディングテーマの歌詞をもじって南原がアドリブで軽快に踊ったのがウケて、「南原ダンスコンテスト」というコーナーの誕生にまでつながった。いずれも、彼らしく世代を問わず楽しめるテイストのものである。

ダウンタウンは、１９８９年４月から１９９３年３月までレギュラー。就任は、関西ですでに爆発的な人気を集めていた２人が東京進出を本格化しようとするタイミングだった。

素人はもちろん、タモリに対してもツッコむときには遠慮なく頭を叩《たた》くなどして本領を発揮していたダウンタウンだったが、ある意味最も彼らしさを感じさせたのは〝自主降板〟に至った経緯である。

浜田雅功《まさとし》は、何度かそのときのことをテレビで語っている。[*3]

その話によれば、〝自主降板〟の理由は、自分たちの求める笑いと『いいとも!』の観客の反応に埋めがたいギャップを感じたからだった。ダウンタウンにとっての笑いの基本は漫才であり、2人の絶妙の間と掛け合いである。ところが、『いいとも!』はそれを存分に発揮できるような空間ではなく、彼らのアイドル的人気もあって観客はちょっとおどけたりするだけで笑うようになっていた。そこで、2人で話し合って降板を決めた。

このエピソードからは、ダウンタウンの笑いに対する信念の強さがうかがえるとともに、1990年代前半に『いいとも!』がひとつの危機に陥っていた様子が見える。

その状況は、『いいとも!』の前身番組である『笑ってる場合ですよ!』が直面した危機と酷似している。そこでも、漫才ブームのなか芸人がアイドル的人気を博したことによって、安易な笑いが練られた笑いを駆逐するような状況が生まれていた。そのことを憂えた番組のプロデューサー・横澤彪が思い切って番組を終わらせ、横澤が番組に知性をもたらせると見込んだタモリの司会による新番組、つまり『いいとも！』を立ち上げたことはすでに述べた通りだ。

ところがこのダウンタウンのエピソードを見ると、『いいとも！』も番組開始から10年余りが経ち、同様の危機に陥ったことになる。では『いいとも！』は、そこをどう乗り切ったのか？　そのあたりのことはＳＭＡＰの存在とも関わってくるので、また次章でふれることにしたい。

「お笑い第三世代」の中心だったもう一組、とんねるずは、通常のかたちでのレギュラー出演はない。だが、とんねるずとタモリには浅からぬ縁があった。

１９８０年代初頭、とんねるずはオーディション番組『お笑いスター誕生!!』（日本テレビ系、１９８０年放送開始）に挑戦した。勝ち残り形式のこの番組は、Ｂ＆Ｂが10週を勝ち抜いて初代グランプリに輝くなど、フジテレビの番組ではなかったものの漫才ブームの一端を担っていた。帝京高校を卒業して間もなかった若き日のとんねるずも、この番組に挑戦した。当然、まだブレークする前である。

テレビ番組のパロディや歌手の物真似を矢継ぎ早に繰り出す彼らのスピーディなネタは、審査員のベテラン芸人からはあまり理解されず、ウケが良くなかった。だがそのなかで、とんねるずを「なにやってるかわからないけど面白い」と言って認めてくれたのが、審査員のひとりであるタモリだった。

そのときの恩を忘れていなかったとんねるずは、『いいとも！』8000回記念となった2014年1月14日の「テレフォンショッキング」に出演するとその話にふれ、改めてタモリに感謝した。そして『お笑いスター誕生!!』でやった「11PMのオープニング」というテレビ番組のパロディネタをその場で披露。するととんねるずのリクエストで、タモリが「密室芸人」だった頃の持ちネタ「生まれたての子馬」などを披露するというおまけもついた。そしてとんねるずの2人は3月までの特別レギュラーとして、番組終了まで何度か出演することになったのだった。

もちろん、「お笑い第三世代」以降も、『いいとも！』と関わりのあった人気芸人は少なくない。

『めちゃ×2イケてるッ！』のレギュラーであるナインティナイン、よゐこ、極楽とんぼも揃ってレギュラーだった。またココリコやさまぁ～ず、ガレッジセール、山口智充、タカアンドトシなども、長くレギュラーを務めた芸人である。キングコング、オリエンタルラジオ、オードリーといったその当時ブレークした若手人気芸人もいた。番組の最後のほうでは、ロンドンブーツ1号2号、ロッチ、ピース、ザキヤマことアンタッチャブル・山崎弘也《ひろなり》、バナナマン、ハライチ・澤部佑《ゆう》などもレギュラーに加わった。また2008年からオープニングを飾る「いいとも少女隊」の一員だった渡辺直美が、その後芸人として大きくブレークし、番組最後の2年半にわたってレギュラー出演していたことも忘れがたい。「お笑い第三世代」と世代的に近いところでは、爆笑問題も14年レギュラーを務めた。太田光《ひかり》のトリッキーさは『いいとも！』でも相変わらずだった。

『いいとも！』では、来日した海外の有名俳優や有名アーティストが新作映画や新譜の宣伝のために登場することがよくあった。「こんなひとが！」と驚くような超有名人が出てくることも珍しくなかった。実際、『いいとも！』の評判は、その界隈でも広まっていたようだ。

そのなかに、あのトム・クルーズが出演したことがあった。真面目な人柄のトムは、タモリらその日の出演者一人ひとりに握手をして回った。ところがその最後になった太田光は、なんといきなりトムの股間を握ったという。「シャレが通じるだろうな」と感じた太田のとっさの判断だったが、それにしても思い切った行動ではある。いくら面白そうと思っても、普通はやらないだろう。トムは「Ｎｏ～！」と言って驚いていたらしい[*4]。

これらの芸人たちは、『いいとも！』最後の放送となった２０１４年３月31日の「グランドフィナーレ」で一堂に会することになる。そこでは、いまも語り継がれる数多くの出来事が起こった（第10章でふれる）。

作家から政治家まで各界著名人がレギュラーに

また忘れてはならないのは、『いいとも！』には芸能人だけでなく、各界の著名人がレギュラー出演していたことである。その点はいくら強調しても、し足りない。芸人やタレントだけでなく、異分野の著名人たちが多くレギュラーになることが、『いいとも！』らしさの重要な一端を担っていたと思えるからである。そのことによって、芸能人だけがレギュラーのバラエティ番組とは一線を画す独特の空気感が生まれていた。

後に政治家となる作家・田中康夫は、番組初期に出演していたひとりだ。レギュラーだったのは、1982年10月から1985年3月まで。

ブランドやおしゃれな店の名前がカタログのようにちりばめられた小説『なんとなく、クリスタル』(1980年発表)が社会現象的なベストセラーとなった田中は、ファッションやグルメなど流行全般に精通した消費文化の旗手として、マスコミの寵児《ちょうじ》になっていた。ただ、その作風や饒舌《じょうぜつ》なところから軽佻《けいちょう》浮薄の代表のように見られていた面もあった。

そんな田中康夫に対するたけしの〝乱入〟事件は知る人ぞ知るところだ。1983年2月、『いいとも!』で田中がミュージシャンの山本コウタローとともにやっていた時事ネタコーナーの本番中に突然たけしが現れ、「理屈ばかり言いやがって」とその首を絞めたのである。もちろん基本はネタであり、〝首絞め〟もたけしのお約束のツッコミのひとつだった。だが芸人ではない田中康夫がターゲットになったところに、当時の彼の作家らしからぬ立ち位置が見える。

番組のなかでの立ち位置は少し違うが、直木賞作家の志茂田景樹もユニークだった。志茂田がレギュラーだったのは、1992年10月から1994年3月まで。既成の作家

のイメージを覆す ド派手なファッションで世間を驚かせた。髪はコバルトブルーに染め、色鮮やかなタイツを穿《は》くという姿。当時、茶髪くらいはあったがビビッドなカラーに髪を染める男性はほとんどいなかった。タイツもそうだった。そこには、性別を超越した個性の表現としてのファッションがあった。

そんな志茂田のコーナー「KAGEKIに挑戦」は、彼がハミングする歌の曲名を当てるクイズ。正解を当てるというよりも、極度の音痴である志茂田が、悪びれることなく沢田研二の「勝手にしやがれ」など好きな歌を口ずさむ様子をみんなで楽しむコーナーだった。そこにも、ひとによっては恥ずかしがってつい隠してしまうかもしれないようなことも立派な個性であり、堂々と表現すればよいというメッセージ性が感じられた。

ほかにも、脚本家の橋田壽賀子《すがこ》（1998年4月から2001年9月まで）などもいたが、レギュラーとして出演した著名人はそうした文筆家だけではない。三田明（1982年10月から1983年3月まで）や三浦洸一《こういち》（1983年10月から1984年9月まで）といった歌手もいれば、北村総一朗（1999年4月から2000年3月まで）や萬田久子（2011年4月から同年9月まで）のような俳優もいた。歌手や俳優も芸人やタレントと同じ芸能界の人間という点ではレギュラー出演でも不思議はないが、いわゆる人気アイドルなどではなくキャラクターの面白さ重視だったことが、こうした面々を見てもうかがえる。

その意味では、奇抜なミニスカートのファッションと甲高い声で「ウチのおとーちゃん」を連発するユーモラスなトークが人気だった実業家の大屋政子（１９８３年４月から同年９月まで）、芸術家ならぬ「ゲージツ家」を自称し、スキンヘッドに独特の着物姿、「クマさん」の愛称で親しまれた篠原勝之《かつゆき》（１９８５年４月から１９８７年３月まで）などは、そのキャラクターの強烈さを考えれば納得の起用だったと言える。歯に衣着せぬ物言いで異彩を放ったプロ野球選手・落合博満の妻、落合信子（１９９７年４月から同年９月まで）、「政界の暴れん坊」の異名を持つ政治家、「ハマコー」こと浜田幸一（２００２年４月から同年９月まで）がレギュラーを務めたことがあったのも、同様だ。

「ありのままの姿」を許してくれた『いいとも！』

ほんの一端にすぎないが、こうして振り返ってみただけでも、当時のテレビが持っていたパワーを実感できるだろう。特に有名人レギュラーの顔ぶれを見るとその感は深い。

そうした有名人は、いずれも常識の物差しでは測れない部分を持つ個性豊かな面々だった。それを1回限りのゲストではなく、レギュラーで起用してしまうところに、いまのテレビにはあまり見られないフットワークの軽さ、思い切りの良さがある。そしてそのような〝豪傑〟たちが集う『いいとも!』には、一種梁山泊《りょうざんぱく》的な趣さえあった。

またそのことによって、私たちは、『いいとも!』のなかに、その時々の世の中の潮流を感じ取ることができた。有名人レギュラーは、平均的とは言えないかもしれないが、誰もがどこかに少しずつ持っている個性、あるいは憧れる部分を拡大して見せてくれる存在であり、私たち視聴者の代表でもあった。その点、『いいとも!』が醸し出す梁山泊のような趣は、当時の日本社会そのものが有していたエネルギーの反映であり、テレビはそのエネルギーをさらに増幅させる巨大な装置だった。

そして『いいとも!』が自分を映す鏡という点は、出演する有名人の側にとっても同じだった。

志茂田景樹は、『いいとも!』の終了にあたって、そこが自分にとっての「心の隠れ家」だったと述懐している。『いいとも!』は、「普段無意識に作っている自分を、本来の自分を取り戻すために、心にある本来の自分の要素を、さらけだすことができた番組」であった。[*5]つまり、作家という、時に自分を窮屈な枠のなかに押し込めてしまう社会的な肩書きを外し、ひとりの人間としてのありのままの姿を表現できる。それが、志茂田にとっての『いいとも！』であり、テレビだった。

その意味で、『いいとも！』が体現していたのは、個を埋没させる集団的沸騰の場、単なる祭りの場というよりは、個が自己表現を通して自由に交わることのできる場、稀有《けう》な癒やしの場であった。そこで自らをさらけ出すありのままの有名人に対し、私たちは自分もそうありたいと思う〝もうひとりの自分〟を多少なりとも託したのではないか。『いいとも！』の広場性の本質とは、そう理解すべきものに思える。

第9章　SMAPが『いいとも！』にもたらしたもの

前章では、『笑っていいとも！』の多彩、かつユニークなレギュラー出演者についてみた。そのなかでレギュラー期間の長かった出演者の上位に、中居正広、香取慎吾、草彅剛というSMAPの3人の名があった。ここでは3人が番組に残した足跡をたどりながら、彼ら、ひいてはSMAPという存在が『いいとも！』の歴史において果たした唯一無二の役割について考えてみたい。

『いいとも！』が迎えた危機

『いいとも！』全8054回の平均視聴率は11・5%。また他局の同時間帯の記録が残る1989年からでは、25年連続で民放の横並びトップを記録した。[*1]

とはいえ、かつては20％を超えていた平均視聴率（最高視聴率は１９８８年４月29日の27・9％）も２０１１年には７・３％、２０１２年には６・５％までに下がっていた。[*2]番組が終了する２０１３年から２０１４年くらいも、平日だと５〜６％と全盛時に比べ確かに下がってはいた。ただ、この頃でも祝日には10％を超えることもあり、テレビ全体の視聴率も下がるなか悪いものではなかった。[*3]いずれにしても、同じ時間帯のなかでは長くトップの座を守り続けたわけである。

このように書くと日本のお昼を代表するテレビ番組としてずっと安泰だったように思える。実際、裏番組で定着せずに早期終了となったものも少なくない。しかし『いいとも！』にも、約32年の放送期間のあいだに裏番組との熾烈な競争、それに伴う試練のときがなかったわけではない。

１９８７年に同じ12時台で始まった『午後は○○おもいッきりテレビ』（日本テレビ系）は、強力なライバルになった番組のひとつだ。当初は試行錯誤を繰り返し、視聴率も芳しくなかった。ところが１９８９年４月にみのもんたが２代目総合司会に就任し、独自の健康・食品情報を交えた生活情報の紹介を主体にした内容に衣替えすると、取り上げられた食品が番組後スーパーマーケットで売り切れ状態になるなど大きな反響を呼ぶようになった。またスタジオ観覧の女性を年齢に関係なく「お嬢さん」と呼んだりするみのもんた独特の癖のある司会ぶりも話題を呼び、視聴率が上昇し始めた。

そしてとうとう1990年代前半には平均視聴率を二桁に乗せ、時に『いいとも!』を上回る日も出てくるようになる。このあたりはまさに両者のデッドヒートが続いた。『おもいッきりテレビ』は主婦層を主なターゲットにした情報番組であり、その意味では若い視聴者が主体のバラエティ番組である『いいとも!』とは被らない。実際、春休みや夏休みなど若者世代が家にいる時期には『いいとも!』の視聴率が時には20%を超えることもあり、その点一日の長があった。

ただ、『おもいッきりテレビ』の健闘は、『いいとも!』といえども盤石ではないということを感じさせるきっかけにはなった。そうした状況の変化のなかで、同じバラエティのジャンルでも『いいとも!』の裏に新番組をぶつけるテレビ局が出てくる。

1994年10月に始まった『まっ昼ま王!!』(テレビ朝日系)は、そうした番組のひとつである。曜日ごとのレギュラーがいて、日替わり企画があるところは『いいとも!』に似た構成でもあった。しかし、1％未満を何度か記録することもあるほど視聴率がまったく伸びず、結局わずか半年で終了してしまう。

この番組の構成作家のひとりだった高須光聖《みつよし》の回想によれば、『いいとも！』の勢いが衰えてきたことを受けて、その当時『まっ昼ま王!!』のスタッフは「いいともを食いにかかるぞ」と意気盛んだったという。だが番組は返り討ちにされた。高須は、その理由を「中居くんをはじめとする、SMAPのみんな」の存在に求める。そして、「彼らがいなかったらとっくの昔に、『笑っていいとも！』は終わってるんじゃないかなぁ」と述懐する。[*4]

SMAPとフジテレビ・荒井昭博の出会い

では、なぜSMAPは、危機にあった『いいとも！』の救世主的存在になれたのか？

もちろん、SMAPのメンバーの才能と努力によるところがベースにあるのは間違いない。SMAPは「アイドルとして出てきた割には、すごく苦労してるタイプ」であり、だからこそ「そのぶん、5人の地肩なんか、めちゃめちゃ強い」と語る高須光聖の言葉からも、そのことはうかがえる。[*5]

ただしここでは、そうした面を念頭に置きつつ、SMAPと時代の密接な関わりについても重点的に見ていくことにしたい。そのことが、『いいとも！』という番組を再び安定させ、テレビ史に残る長寿番組にしていくことになった大きな要因と考えられるからである。

まず確認しておきたいのは、SMAPの3人が『いいとも！』のレギュラーになったのは、彼らを代表する冠バラエティ番組『SMAP×SMAP』（フジテレビ系）が始まる前だったということである。

『SMAP×SMAP』の放送開始は1996年4月。それに対し、中居正広と香取慎吾の『いいとも！』レギュラー就任は1994年4月、草彅剛が1995年10月と、それよりも前になる（当時SMAPにおいては、必ずしも厳密なものではないが、この3人がいわゆる「バラエティ班」で、木村拓哉、稲垣吾郎、森且行《かつゆき》が「ドラマ班」という個人での活動における大まかな路線の違いがあった。ただ、「テレフォンショッキング」には、1991年から1993年にかけて、それぞれ初登場している）。すなわち、押しも押されもせぬ「国民的アイドル」だったからというよりは、若手芸人などと同様に〝旬〟の存在として起用されたのが当時の彼らだった。

実際、当時のＳＭＡＰは、いろいろと経験を積みつつバラエティの世界で着々とステップアップしている最中だった。

ＳＭＡＰのＣＤデビューは１９９１年。だがジャニーズ事務所（現・SMILE-UP.）のすぐ上の先輩が社会現象的大ブームを巻き起こした光ＧＥＮＪＩでそれと比較されてしまったこともあり、当初は期待したほどには曲が売れずアイドル歌手として苦戦していた。

そのなかで、彼らが活路として求めたのがバラエティ番組に本格的に取り組むことだった。それ以前のジャニーズタレントにおいても、バラエティ番組への出演がなかったわけではない。しかしその場合はやはり歌手業がメインで、バラエティ出演は比重としては副次的なものにとどまっていた。一方、当初歌手として苦境にあったＳＭＡＰは、バラエティを自分たちの生き残る道と見定め、その道を究めようと真剣に取り組んだ。その後ジャニーズアイドルがバラエティで芸人たちに伍《ご》して活躍するのは見慣れた光景になったが、それはＳＭＡＰがそのような道を開拓したからにほかならない。

特にフジテレビは、１９８０年代初頭の漫才ブーム以降バラエティ路線で大きく躍進していたこともあって、ＳＭＡＰのバラエティの才能を大きく開花させることになった。

まず、森且行が在籍した6人時代の『夢がMORI MORI』（フジテレビ系、1992年放送開始）があった。そのなかの「音松くん」は、SMAPが6人兄弟に扮したコント。内容は別だが、いうまでもなくタイトルと設定は赤塚不二夫の漫画『おそ松くん』から来ている。お揃いのウイッグにメンバーカラーに合わせた学生服を着て演じる姿（コント中の役名も「青松」「赤松」などメンバーカラーに準じたものだった）が話題を集め、SMAPが広く世に知られるきっかけになった。

同時に、そこにはひとりのスタッフとの出会いがあった。この番組で総合演出兼プロデューサーを務めていたフジテレビの荒井昭博である。

荒井は、1985年にフジテレビに入社。当初は営業局に配属されたが、後に制作局に異動した。そこで立ち上げに携わったのが、『夢がMORI MORI』である。

アイドルにとってもバラエティ番組出演が副業的なものだったように、当時はまだバラエティ番組の制作チームがアイドルと本格的に仕事をする時代ではなかった。だがその頃、『ザ・ベストテン』や『夜のヒットスタジオ』などの長寿音楽番組が次々と終了し、アイドル歌手にとってのプロモーションの場が失われていた。そこでジャニーズ事務所のジャニー喜多川が、アイドルだけどパイをかぶってもいいし、なにをやらせてもいいから預かってくれないかという話をフジテレビのプロデューサーに持ちかけてきた。[*6]

ただ、バラエティは芸人の領域という感覚はきわめて根強く、プロデューサーから打診されたディレクターたちはことごとく難色を示した。そして最後に話が来たのが、一番若かった荒井のところだった。「音松くん」のメンバーカラーは、そのとき荒井らスタッフがメンバー一人ひとりを少しでも覚えてもらえるよう、決めたものだった。[*7]

初対面の際、荒井昭博は、「なめられねえぞ」と気負っていたという。だがSMAPの6人はすでに台本を読み込んでいて、「ここはどうしたらいいですか?」「ここは少し間を置いたほうがいいですよね」と笑いに対し、真摯で礼儀正しい姿を見せた。それを見た荒井は、「こいつらとなら心中できる」とすぐに彼らに心酔するようになる。[*8]

SMAPのレギュラー起用はいかに実現したのか

後に『SMAP×SMAP』立ち上げでも中心になる荒井は、以来SMAPと苦楽をともにする存在になった。そして同時に彼は、1990年10月から1995年9月まで『いいとも！』のディレクターでもあった。その際、当時の番組プロデューサー・佐藤義和に提案し、SMAPは『いいとも！』のレギュラー入りを果たすことになる。

その後荒井昭博は、1995年10月から『いいとも！』のプロデューサーの職を継いだ。そのとき先輩に「お前は最後の将軍、慶喜になるんだな」と言われたという。繰り返すまでもなく、『いいとも！』の勢いに陰りが見えていた時期だった。だが荒井は、「いや、綱吉か吉宗になる」と言い返した。[*9] 彼が『いいとも！』に危機感が漂うなかで重責を引き継いだ様子、その際の荒井の『いいとも！』を立て直そうという覚悟が垣間見える。

実際、2002年7月までプロデューサーを務めるなかで、荒井昭博は、会場の観客のなかで1人だけ当てはまる質問を「テレフォンショッキング」のゲストが考える「1／100アンケート」のような新企画（2001年9月からレギュラー化）、番組構成やセットの思い切った変更など、『いいとも！』の立て直しに力を注いだ。その意味で言うと、SMAPは、出演者の面での番組再興の切り札として起用されたと見ることができるはずだ。

それに並行して、荒井昭博がバックアップするSMAPのバラエティ修業も続いた。1995年4月からは、深夜10分間の帯番組『SMAPのがんばりましょう』（フジテレビ系）がスタート。日替わり企画で、歌やトーク、ドラマはもちろん、演芸、大喜利、コメディに挑戦するという盛りだくさんの内容だった。このとき、ＳＭＡＰのバラエティスキルは最終的な仕上げの段階に入っていた。

そしてこの番組の終了から半年後の１９９６年4月、いよいよ『SMAP×SMAP』が月曜夜10時のプライムタイムで始まる。同日に同じフジテレビで始まった木村拓哉主演の「月９」ドラマ『ロングバケーション』の社会現象的大ヒットとの相乗効果もあり、『SMAP×SMAP』は毎回20％を超える高視聴率を記録。中居、香取、草彅の３人が番組終了までレギュラーを続けた『いいとも！』とともに、フジテレビのもうひとつの看板バラエティ番組に成長していく。この流れで見ると、ＳＭＡＰの３人が『いいとも！』の屋台骨を支える存在になったのも必然と言えた。

『いいとも！』での中居正広、香取慎吾、草彅剛

では、『いいとも！』での３人は、実際どのように自らの役目を果たしたのだろうか？

彼らがレギュラーに就任した１９９４年から１９９５年は、ＳＭＡＰがようやく歌手と

しても軌道に乗り始めた時期であった。1994年3月発売の「Hey Hey おおきに毎度ありぃ」で初のオリコン週間シングルチャートの1位を獲得、さらに「オリジナル スマイル」（1994年6月発売）、「がんばりましょう」（1994年9月発売）という代表曲も生まれた。

そのことで、笑いという武器もいっそう輝きを帯びることになった。SMAPは、文字通り「本格的に歌とダンスができて、笑いもできる」という従来あまりいなかったタレントになったのである。『いいとも！』でも、彼らはアイドルと笑いの〝二刀流〟という唯一無二の強みを生かし、彼ららしい「遊び」の精神を存分に発揮した。

恒例になっていた香取慎吾のコスプレなどは、そのひとつだろう。『いいとも！』出演時の香取は、まるで自分自身が広告のディスプレイであるかのように、毎週自分たちの新曲や出演ドラマの宣伝、なにかの記念日を祝うプレートなどを衣装の一部としてまとって観客や視聴者を楽しませた。そこには、他の番組などでもたびたび見せていた彼のポップアートのセンスが発揮されていた。

たとえば、『いいとも！』が5555回という節目の回を迎えたときには、大きくそのことを書いた衣装と花束を身に着け、番組終了後のトークでは「白馬の王子様のような光GENJIに憧れて芸能界に入ったのに、この格好でお昼にテレビに出てるとは」と自虐ネタで、笑いを誘っていた（2004年6月7日放送）。確かに、このようなコスプレは、かつての王子様的アイドルならば決してやらなかったことだろう。だが逆に言えば、だからこそ香取慎吾、ひいてはSMAPは、それまでにないアイドルになり得た。本人が意識していたのかはわからないが、そうした自負がにじみ出た場面である。

草彅剛は、『いいとも！』でも彼らしい純粋さの魅力を振りまいた。また時に自由で、あまり段取りにとらわれないところがハプニングを引き起こす場面もたびたびあり、その予測不能な面白さが生放送の『いいとも！』という番組にも合っていた。

公私ともにタモリとの関係性を深める姿も印象的だった。彼がひとり暮らしを始めたのは、ちょうど『いいとも！』のレギュラーになった頃。そのときもタモリはなにかと面倒を見ていた。そしてあるときから草彅は、正月はタモリの家でずっと過ごすようになった。タモリによると「17時間寝ている」こともあるなど、普段のハードスケジュールを忘れて自宅にいるかのようにくつろぐ姿が『いいとも！』のなかでもネタになったりした。

また総合司会がタモリで、『いいとも！』メンバーも大挙出演した2012年の『FNS27時間テレビ　笑っていいとも！　真夏の超団結特大号!!　徹夜でがんばっちゃってもいいかな?』では、タモリや出演者たちのために「100㎞マラソン」のランナーになることを自ら志願し、完走した。その際、番組のエンディングでレギュラー全員が大縄跳びに挑む企画があり、その大縄を草彅がタスキ代わりにして運ぶという役割もあった。つまり、草彅剛が完走しなければ、最後の大事な大縄跳びができないことになっていた。そのことが象徴するように、彼にとっては、タモリのいる『いいとも！』が、リラックスできるとともに守るべき大切な居場所になっていた。

中居正広は、レギュラーになる前に『テレフォンショッキング』に何度か出演している。初登場は、1991年12月12日。このときは木村拓哉と2人での出演で、同じ高校の同じクラスで席も隣同士という話をしている。またタモリのSMAPのなかでバラエティに来るメンバーはいないのかという問いに、中居はひとが喜んでいる顔が好きと答えてバラエティへの興味を示していた。それから数年後、果たしてレギュラーになるわけである。

『いいとも！』レギュラー就任後における中居正広では、思いがけないところからベストセラーが生まれたことが印象深い。

『私服だらけの中居正広増刊号～輝いて～』(2009年刊行)は、『いいとも!』がきっかけで生まれた一冊である。当時火曜日のレギュラーだった中居正広がアルタ入りの際に着ている私服が独特のセンスだということが『いいとも増刊号』で話題になり、毎週撮影した私服姿の写真126点を集めて書籍化。「画伯」と言われる独特のユーモラスな筆致による絵(イラスト)も収めた同書は、58万部を売り上げる大ベストセラーとなった。発売日が2009年8月18日で彼の37歳の誕生日だったことから価格も3700円と、隅々まで遊び心にあふれていた。

そこには彼一流のサービス精神もあったようだ。「写真撮るっていう意識があったから、派手なのがいいかな～と思って、夏も冬も結構、派手な服着ちゃってる」[*10]。本人曰く「イタい」服装には、ある程度自己演出も入っていた。

ただ、そこに彼の個性でもあるヤンキー的部分がにじみ出ていたことも確かだった。番組中の中居正広も、同じ曜日のレギュラーだったココリコ・田中直樹に悪ノリ的いたずらを仕掛けてそれがコーナーにもなるなど、やんちゃ坊主的なところがよく顔をのぞかせていた。

また、SMAPがアイドルとして笑いへの道を開拓するなか、バラエティ番組のMCに自らの進む道を思い定めるようになっていた中居正広にとって、タモリは大切なお手本であり、道標《みちしるべ》となったひとりだった。

あるとき、仕事の流儀を尋ねられた中居正広は、「感情を安定させていたい。それは喜怒哀楽を出さないとか感情を押し殺すとかいう意味ではなくて、いつでも相手の言葉を引き出したり、人の気持ちを受け入れたりできるということ」と語っている。[*11] その言葉には、司会のタモリが見せる共演者へのフラットさ、あの「無の状態」と重なるものがある。

同様にフラットな姿勢は、『いいとも！』における香取慎吾や草彅剛にも当てはまるものだろう。彼らがレギュラーになってしばらくした時点で、SMAPは押しも押されもせぬ「国民的アイドル」になっていた。もちろん3人が登場したときの観客席からの歓声もひときわ大きなものがあった。だが中居正広ともども3人は、それぞれの個性を発揮しつつも、『いいとも！』という番組にすっかり溶け込み、タモリを側面からサポートする役回りに徹していた。

SMAPがつなぎ直した『いいとも！』と視聴者

こうしてSMAPは、『いいとも！』がすでに築き上げていた土台を尊重しつつ、番組に新風を吹き込んだ。そしてそのことを通じて、番組と視聴者をつなぎ直す救世主的存在になった。

そうした橋渡し役になれた背景には、彼らが切り拓いたまったく新しいアイドル像も大きかったと思える。

SMAPが『いいとも！』に出るようになった1990年代中盤は、戦後日本社会における大きな転換期のひとつである。1995年の阪神・淡路大震災をはじめとした大きな災害や事件、バブル崩壊後の経済の停滞などが続くなかで、日本社会はさまざまな問題、持続的な不安を抱えるようになる。それは同時に、高度経済成長、さらにバブル景気を背景にしたテレビにおける日常的な祭りの時代がようやく終わりを迎えつつあることを意味していた。テレビにとって、不安な日常から目をそらすことなく〝祭りのあと〟をいかに生きるか、ということが重要なテーマとなった。

そのなかで、テレビという場からそうした時代の変化に寄り添い続けたのがＳＭＡＰだった。彼らがアイドルとして画期的だったのは、笑いもこなすというスキル面、その活躍の幅の広さだけではない。『SMAP×SMAP』で毎回東日本大震災をはじめとした災害の被災者への支援を呼びかけるなどメッセージの発信をずっと続けたように、社会と交わることを辞さないその姿勢にもあった。

一方、「アイドル」という言葉は、ＳＭＡＰの登場以前は『いいとも！』にとってネガティブな意味合いを帯びたものだった。

ここまでの章で、お笑い芸人がアイドル的存在になることによって、『笑ってる場合ですよ！』や『いいとも！』が、バラエティ番組として抱え込んだ困難にふれてきた。むろん人気商売である芸人にとってファンが増えるのは悪いことではない。だが笑いのプロである芸人にとってアイドル的扱いを受けることは自分たちの技量以外の部分に目が向けられてしまうという意味で本業に支障が出ることであり、歓迎できないことであった。

しかし、ＳＭＡＰは、アイドルであることを変わらず基本に置きながらプロの芸人とも渡り合えるような笑いの力量を身につけることで、そのジレンマを乗り越えた。そして社会に寄り添うアイドルでもあったことで、世代を超えて支持される存在にもなった。

そんなSMAPのメンバーが長年レギュラーとして出演したことで、危機のなかにあった『いいとも！』は、再び世の中との安定したつながりを獲得することができたのではないだろうか。アイドルであることを、SMAPは『いいとも！』にとってのポジティブな力に反転させたのである。

だが、そうして危機を乗り切り、再び軌道に乗った『いいとも！』も、2014年3月31日に最終回を迎えることになる。そして同日の夜放送された『笑っていいとも！　グランドフィナーレ　感謝の超特大号』は、実にさまざまな出来事が起こった、まさにテレビ史に残る記念すべきものになった。

第10章　「グランドフィナーレ」を振り返る

――なぜテレビ史の伝説となったのか

いまやテレビ史に残る伝説にもなっているのが、『笑っていいとも！』の「グランドフィナーレ」だ。多くのレギュラー出演者やスタッフが一堂に会したこの番組は、予期せぬハプニングの連続、忘れがたいスピーチなどによって深く記憶に残るものになった。では私たちは、そこでいったいなにを目撃したのか？　改めてその様子を振り返りつつ考えてみたい。

吉永小百合の『いいとも！』初出演

２０１４年３月31日、『いいとも！』レギュラー放送の最終回が放送された同じ日の夜、

『笑っていいとも！　グランドフィナーレ　感謝の超特大号』と題された特番が、東京・お台場のフジテレビスタジオから放送された。放送時間は夜8時から11時14分までの3時間余り。歴代のレギュラー77名、そしてゆかりのスタッフが集まったこの番組はその約32年の歴史の最後を飾るにふさわしいものとなった。視聴率も、平均視聴率は28・1％、瞬間最高視聴率は33・4％と高いものだった。

番組は、いつものように「ウキウキWATCHING」からスタート。そしてまず冒頭に用意されていたのが、吉永小百合の『いいとも！』初出演である。

有名な話だが、同じ1945年生まれの吉永小百合は、タモリにとって高校時代からの憧れの存在である。ともに籍を置くことになった早稲田大学の学食で、その吉永が偶然タモリの目の前に座ったことがある。タモリは一番安い「栄養ラーメン」というメニューを食べていた。吉永はトーストとコーヒーだった。

2013年12月25日放送の「テレフォンショッキング」に出演した久米宏（同じ早稲田出身でもある）が言っていたことだが、そのときタモリが吉永小百合の下げた食器の皿を舐《な》めたという話が、早稲田大学ではまことしやかに言い伝えられているらしい。「誰もいなかったらやってましたね」などと話に乗ってみせつつもちろんタモリは否定していたが、それだけ熱烈なファンだったということだ。前にも書いたが、最初はタモリが当時好きだった伊藤つかさに会うために始まった「テレフォンショッキング」も、その目的が達成されてからは吉永に出演してもらうことが新たな目標になっていた。

「グランドフィナーレ」当日、吉永小百合は、映画の撮影中でスケジュール的にどうしてもお台場のフジテレビスタジオに行くことができず、やむなく千葉から中継での出演となった。ただ手には、「テレフォンショッキング」でいつもゲストが自分で持って登場する名前入りのプレートを持っている。

吉永小百合から優しい労いの言葉をかけられると、タモリはそれだけでデレデレになってしまう。するとすかさず周りの芸人たちから「いつもと違う」という声が飛ぶ。そしてスタジオには、吉永から自筆の手紙つきでタモリへのプレゼントが届いている。今後は少し休みもあるかと考えた吉永が選んだのは、旅行バッグだった。花束も贈られ、「また私と食事に行ってくれるかな?」の呼びかけに「いいともー」と答える吉永。こうして、変則的ではあったが、吉永小百合の「テレフォンショッキング」出演というタモリの念願が最後の最後に叶《かな》ったわけである。

「タモリ・さんまの日本一の最低男」再び

「グランドフィナーレ」で最も世間の注目を集めたのは、やはり『いいとも！』ゆかりの大物芸人たちが集結した場面だろう。ベテランから若手までバラエティの世界を牽引する芸人勢揃いとも言うべき極めつきの豪華さに加えて、インターネットなどで「共演ＮＧ」と以前からまことしやかに噂《うわさ》されていたような芸人同士の共演がハプニング的に実現したこともあり、盛り上がりは最高潮に達した。

とはいえ、いきなり一堂に会したわけではなく、一連の流れのなかで徐々に芸人たちは集結していった。そのプロセスもまた、とてもスリリングでドラマチックだったと言えるだろう。以下、順を追って振り返ってみたい。

まずゲストの一番手として登場したのは、明石家さんまだった。テーブルが設えられ、後ろには花輪が並ぶなど、「テレフォンショッキング」のスタイル。実は、その日のお昼に放送された最終回の「テレフォンショッキング」のゲストだったビートたけしが、さんまに電話していた。それを踏まえての、このスタイルだったのだろう。

さんまが「タモリンピック」（毎週、曜日対抗で同じゲームをやり優勝を競う企画）で笑いに走ったためディレクターと喧嘩《けんか》した話、タモリの「ヅラ疑惑」をめぐる話など『いいとも！』での思い出話がひとしきりあった後、かつての名物雑談コーナー「タモリ・さんまの日本一の最低男」をその場でもう一度やる流れになった。

昔コーナーでタモリとやった定番のボケを再現して懐かしんでいたさんまだが、いきなり思い出したように、オープニングでのタモリに〝ダメ出し〟を始めた。さんまは、吉永小百合からバッグをもらったとき、プレゼントの箱を開ける際などもっとボケるチャンスがあったのになぜそうしなかったのかと詰問する。いつもながら笑いのセオリーに厳しく説教口調のさんまに、タモリは「オレはあんたの弟子かね!?」と切り返す。

そこから話は、お互いのプライベートのことに。そしてかつてさんま宅で開かれた餅つき大会でのエピソードが話題になった。招かれたタモリがさんまたちに挨拶もせずにコタツに入ってくつろいでいたとさんまが言えば、タモリがちゃんと挨拶したと言って押し問答に。そこから、さんまが客席にいるザキヤマこと山崎弘也と会話を始めてしまったり、大竹しのぶの物真似を機にタモリが誰かよくわからないひとの物真似を気に入って延々とやり始めたりという、当時と変わらず話がどこへ向かうかわからない自由な展開になった。

この餅つき大会の話は、この場が初披露ではなく以前にも話題になったものだ。ある意味、さんまとタモリにとっての定番ネタである。その意味では、「聞いたことがある」と思った視聴者もいただろう。だがこの場だからこその展開もあった。

ひとつ特徴的だったのが、いまもふれたザキヤマとのやり取りだ。これは、近所付き合いのことも考えて餅つき大会をしたのだと熱弁するさんまにザキヤマが「なるほどー」とタイミング良く相づちを打ったりしたことがきっかけだった。

そこには、客席からの参加という『いいとも!』の特性が再現されている。「今日も見てくれるかな?」「いいともー!」のような客席とのコール&レスポンス、そこに生まれる一体感が『いいとも!』の熱気の源でもあった。そして時には、番組中でも客席から声がかかり、それに出演者が反応することで笑いの増幅につながることもあった。いうまでもなくザキヤマは優れたプロの芸人であり、そのタイミングの計りかたの絶妙さもあったが、相づちという行為自体は、客席から参加することのできる『いいとも!』ならではの魅力を具現していた。

テレビ史上に残る〝芸人大集合〟

こうしてかつてと変わらぬさんまとタモリの丁々発止のやり取りに会場は大いに盛り上がったが、この部分、台本では5分の予定がすでに20分余り。相当な時間オーバーである。そこに「長いわ！」という浜田雅功の叫びとともに乱入してきたのが、ダウンタウンとウッチャンナンチャンだった。

早速とばかりに、浜田が明石家さんまの口にガムテープを貼って黙らせる。それでもジェスチャーゲームの要領でしゃべろうとするさんま。それでは伝えたいことも伝わらないとわかると、我慢できなくなって自分で剝がしてはしゃべり、また浜田にテープを貼られる羽目に。そこに、さんまによるカットインの絶妙の間合いをずっと見ていた松本人志が「このひと、まだまだ売れるわ！」と感嘆交じりの合いの手を入れるなど、このくだりがずっと続いた。

もうひとつ、キーワードになったのは、「ネットが荒れるから」である。乱入してきた際、松本人志が「我々も、とんねるずが来たらネットが荒れるから」と言っていたのだ。もちろん本当に嫌がっていたわけではない。「仲が悪い」という噂があった2組の共演に対する視聴者の期待を心得たうえでのフリである。果たして、「長えーよ！」と今度は石橋貴明が叫びながらとんねるずも乱入してきた。ここぞとばかりにうろたえたような体で「ネットが荒れるから」と繰り返す松本。とんねるずのもうひとり、木梨憲武はと言うと、その騒ぎにはいっさい構わずいつもの自由さで「みんなもおいで」と客席の芸人やタレントに呼びかける。そこに爆笑問題とナインティナインもしびれを切らしたかのように登場し、芸人の輪に加わった。

こうしてステージ上には、タモリとさんまをはじめとして、ダウンタウン、ウッチャンナンチャン、とんねるずという「お笑い第三世代」の面々、そして爆笑問題とナインティナインという現在のテレビバラエティを担う中心的芸人が勢揃いすることになった。それはまさに、壮観の一言だった。

そこからは、落ち着くどころかカオスをいっそう加速させるような展開になった。おすぎとピーコ、中居正広が壇上に呼ばれ、さらに木梨がなぜかオスマン・サンコンと田中康夫を連れてくる。すると爆笑問題の太田光が、いきなり田中康夫の首を絞めるという挙に出て、かつて『いいとも！』でたけしがやったハプニングを再現するなど、みんなが思い思いに振る舞い始めた。最後は、太田が「はっきり言ってね、このメンバーじゃ仲良くできるわけねえじゃねーか」とお得意の〝暴言〟を飛ばし、「だから（ネットが）荒れるんだよ」と相方の田中裕二にツッコまれてようやくオチがつくかたちになった。

この〝芸人大集合〟が示した熱量の高さは、テレビ史上でも類を見ないほどのものだったと言っていい。それも、『いいとも！』という番組、そしてタモリという人間が築いてきた長年の人脈、その慕われ具合があってのことだろう。

だが、ここでもタモリ自身は実にタモリらしかった。むろん、この日の主役はMCのタモリである。そしてMCの常識からすれば、この特別な場をてきぱきと仕切って周囲をうならせる腕の見せ所と考えても不思議はない。

ところが、この一連の流れのなかでタモリは自ら仕切って進行しようとする素振りなどまったく見せず、いつもの独特のニヤニヤ笑いを浮かべながら、じっとその場にいた。それを見たさんまが、カオスになるのは「あんたの責任！」とツッコんでも動じない。その場にいる芸人たちが定期的に思い出したかのようにタモリに「お疲れ様でした」と言ってくるが、それも場つなぎのため。タモリもそのことは百も承知で、その場を決して締めようとはしない。「仕切らない司会」ぶりは、ここでも終始健在だった。

タモリは怒らなかった

その後、全員で記念撮影からのタモリの胴上げ、片岡鶴太郎ら客席にいる過去のレギュラー出演者へのインタビュー、SMAPの5人がタモリを囲みながら彼らの持ち歌「ありがとう」を歌う場面へと続いた。そして、番組最後のパートとして始まったのが、現レギュラーと過去のレギュラーを合わせたおよそ25組によるタモリへの感謝のスピーチである。

涙ながらの感謝の言葉のなかにも笑いの絶えないスピーチが続くなか、ひとつ印象的だったのは、多くの芸人やタレントが、タモリが絶対に怒らなかったこと、そのずば抜けた寛容さを繰り返し強調していたことだ。

「一度も怒られたことがなかった」（香取慎吾）、「タモリさんの前ではなにを言ってもいいのかな（と思えた）」（さまぁ～ず・三村マサカズ）といった言葉。また笑福亭鶴瓶も、「お笑いビッグ3」のなかで、ビートたけしや明石家さんまの前では緊張するが、タモリの前では緊張しないと、その絶大な安心感を吐露した。

また太田光は、いつも失言をしてしまう自分は『いいとも！』でも邪魔者になるんじゃないかと思っていたが、やはり怒られたことがない、と感謝したうえで、そんなタモリの姿勢は実はアバンギャルドなのではないかと語った。

太田のこの分析は、なかなか興味深い。ここで彼がタモリについて言う「アバンギャルド」、つまり「前衛的」であるとは、ここまで繰り返し述べてきたように、あらゆるルールを嫌悪し、個々のリズムこそを重視するというタモリのジャズセッション的人生観を的確に言い得ていると思えるからだ。

同じことは、相方の田中裕二がやはりスピーチで述べた言葉にも通じる。田中は、タモリ自身が「『いいとも！』にずっと慣れていない」のではないかと語った。そう見えるのもまた、タモリが、「司会とはこうあるべき」という決まり切った先入観、暗黙のルールを本質的に拒絶していたことの結果だろう。

『いいとも！』のタモリは、流暢にしゃべり、スムーズに進行するような世に言う名司会者だったわけではない。正確には、それを最初から目指してなどいなかった。むしろタモリは、自分の興味の赴くままに振る舞い、そのことで通常の司会者の基準からみれば失敗もした。だがその失敗こそが、なによりも面白いのだと身をもって示し続けているようでもあった。寛容さ、ひいては「仕切らない司会」は、そんなタモリ自身の信念から生まれたものではないか。このときの多くの出演者から発せられた「怒らない」タモリの姿は、そんなことに思いを至らせる。田中裕二は、スピーチの最後、だからこそタモリは「信用できる」のだと語った。

『いいとも！』という番組、そしてテレビに関しては、中居正広の言葉が記憶に残る。

まだSMAPがアイドルとして模索するなかで抜擢された『いいとも！』への出演が、彼自身にとってバラエティへの道を進む覚悟を固めるきっかけになったことを述べたうえで、中居は、「バラエティは残酷なもの」と語る。歌の公演やライブ、ドラマは、決まった終わりを糧にして進む。だがバラエティはそうではなく、「終わらないことを目指して進むジャンル」である。だから、「バラエティの終わりは寂しい」と、目を潤ませながら中居正広は語っていた。

その言葉からは、『いいとも！』が道半ばにして終わらなければならない無念さが伝わってくると同時に、テレビというメディアの本質について改めて考えさせるものがある。

自ら映画館などに足を運んで見ることの多い映画などに比べ、家に居ながらにして見ることのできるテレビが私たちの日常生活に密着したメディアであるとすれば、テレビのその特性を最も体現するジャンルはバラエティということになるだろう。なぜなら、日常というものも、本質的には「終わらない」ものと言えるだろうからだ。延々と続くかのような、変わらぬがゆえに退屈でもある日常を笑いながらいかに楽しく、面白く過ごすか？

それが、本来のバラエティの魅力なのだ。

終わったものと終わらなかったもの――『いいとも！』とは、そしてテレビとは？

では、「終わらない」バラエティの象徴だった『いいとも！』の終了によって、なにが終わったのだろうか？　あるいは逆に、なにが終わらなかったのだろうか？

確かに、終わったものもあっただろう。それは、『いいとも！』が始まった1980年代以来続いてきた「祭りとしてのテレビ」である。漫才ブーム以降、テレビの世界はお祭り騒ぎを日常のことにしてきた。その中心はやはりバラエティ番組だった。同じフジテレビで言えば、1987年にスタートした『27時間テレビ』などはまさにその象徴だった。そしてその祭り志向は、いつしか報道のような対極にあったはずの分野まで巻き込んでテレビの隅々にまで広がっていった。

「グランドフィナーレ」での〝芸人大集合〟の圧倒的な盛り上がりは、30年以上にわたって繰り返されてきたテレビ的祭りの集大成にふさわしいものだったと言えるだろう。時のバラエティ番組の中核で活躍する大物芸人たちが世代を超えて一堂に会し、好き勝手にやっているように見せながら巧みなスキルで笑いの大きなうねりを巻き起こしていくさまは、圧巻の一言だった。後から引っ張り出された笑福亭鶴瓶が「オレ、こんなとこよう入らんわ」と漏らしたのが、その場の密度の濃さ、熱気のすごさを物語る。しかも鶴瓶のその一言も、さんまがニヤニヤしながら「（鶴瓶の）いつもの入りかたっ」といじってすかさず笑いに変えてしまっていた。それほどそこは、笑いに身を捧《ささ》げる強者《つわもの》たちの祝祭の場と化していた。

その鶴瓶は、感謝のスピーチのなかで、タモリを「芸人にとって港みたいなひと」と形容していた。先述の「怒らない」話にも通じるが、どんな個性の芸人や突飛なボケもありのまま受け入れてくれるタモリの懐の深さがあったからこそ、〝芸人大集合〟も実現したということだろう。

そしてそのことは、『いいとも！』が広場であることを改めて思い起こさせる。プロか素人かを問わず、人と人とのネットワーク、そこから生まれる開かれたコミュニティとして『いいとも！』という広場はあった。タモリは、そこに出入りする多様で、ほかの場所ではは み出してしまうような人びとにとって、ここにいてもいいのだという安心感を具現する水先案内人のような存在であった。

コミュニティとしてのテレビ。それは、テレビが日常的娯楽の中心として隆盛を極め、巨大産業となっていくなかで少しずつ見えにくくなった側面に違いない。

確かに、高度経済成長期から『いいとも！』の始まった1980年代までの時代においては、「一億総中流」の意識もまだまだ根強く、その意味では日本社会そのものがひとつのコミュニティだったと言えなくもない。だからこそ、そのコミュニティを維持するメディアとしてテレビは求められた。しかし、1990年代初頭のバブル崩壊以降、長期的な経済の停滞による格差意識の拡大や二度に及ぶ大きな震災、社会制度の疲弊などによってそうした社会的一体感は徐々に崩れた。お祭り的な一体感で巨大な1億人余りのコミュニティを維持することも難しくなってきた。

一方、テレビを取り巻くメディアの世界も大きな転換期を迎える。インターネットが新たなメディアとして世の人びとを惹きつけ始め、急速にメディア状況全体を変えていくことになる。

『いいとも!』が終了してから半年後の2014年10月、あるCMが始まった。キャッチコピーは「好きなことで、生きていく」。覚えているというひとも多いだろう、YouTubeのCMである。ユーチューバーのHIKAKINらが出演したそのCMは反響を呼び、YouTubeという存在を広く世に知らしめることになった。

むろんYouTubeの大きな魅力も、ユーチューバーという存在を媒介にコミュニティを生み出すところにある。その点、YouTubeは『いいとも!』という番組のエッセンスを引き継いでいる。そして現在のYouTubeの隆盛ぶりを見る限り、『いいとも!』がもたらしたものの価値は決して減じてはいない。少なくともその限りにおいて、『いいとも!』

が残したものは、終わらなかった。

ただ、『いいとも！』とYouTubeのすべてがぴったりと重なるわけではない。では、両者の共通点と相違点はどこにあるのか？　最後に、そうした観点も併せて『いいとも！』の歴史的意義、そして『いいとも！』という番組が現在のテレビに示唆する可能性について考えてみたい。

終章　『いいとも！』は、なぜ私たちのこころに残るのか？

――戦後日本社会とテレビの未来

ここまで、さまざまな角度から『笑っていいとも！』について振り返ってきた。終章となるこのパートでは、それらの話を踏まえ『いいとも！』を戦後日本社会、そしてテレビの未来という大きな観点からとらえ直してみたい。そうするなかで、『いいとも！』はなぜ私たちのこころにここまで深く残る番組になったのか、その一端を明らかにできればと思う。

「つながり」の魅力

『いいとも！』の復活を望む声は、根強くある。

たとえば、『ORICON NEWS』が2018年に実施した調査では、『いいとも！』は『SMAP×SMAP』などを抑えて「復活してほしいテレビ番組」の1位になっている。[*1] この調査は10代から50代の男女1000人を対象にしたものだが、結果の内訳を見ると、30代と40代で1位、50代で2位であっただけでなく、より若い年齢層の20代で3位、10代でも2位に入っている。

『いいとも！』が始まった1980年代から見ていたひとも多そうな40代後半以上の層が、復活を望むのはわかる。ただその一方で、30代から下の若い世代でも変わらず上位に来ているのが目を引く。ここからひとつわかるのは、『いいとも！』という番組が、単に懐かしさだけで復活を望まれているわけではなさそうだということである。

その理由はなんだろうか？　むろん番組の面白さは大前提にある。だが、面白い番組はほかにもたくさんあるだろう。そのなかで『いいとも！』が特に記憶に残っているとすれば、その面白さの質になにか秘密があるはずだ。

そのヒントになりそうなことが、番組開始当時の番組ディレクターの発言にある。

当初、タモリを昼の番組の司会に起用することには疑問の声が少なからずあった。イグアナの物真似やでたらめ外国語などの得意芸から明らかなように、大衆受けとはほど遠い怪しげな「密室芸人」のイメージが強かったからである。実際、初回放送の視聴率は4・5％と芳しいものではなかった。

ただ、1982年10月のスタートから数か月が経った同年末から年明けの頃にはもう視聴率は二桁を超えることもあるほど良くなっていた。そしてスタートから半年も経つと10％台を記録する日が増え、1983年の夏頃には二桁は当たり前で20％を超える日すら現れるようになった。

番組ディレクターだった「ブッチャー小林」こと小林豊は、なぜ番組開始数か月後に視聴率が上昇したのかについてこう答えている。「やっぱり『テレフォンショッキング』で次の日のゲストをその場で決めてつないでいくっていうのがだんだん浸透して、『明日は誰なんだろう』っていう興味じゃないですかね。そこに至るまで2～3カ月かかったということですよね」[*2]。

つまり、現場のスタッフも感じていたのは、『いいとも！』における「つながり」の面白さだった。「テレフォンショッキング」を見る視聴者には、普段知ることのできない芸能人や著名人の交友関係へののぞき見的な興味もあっただろう。だがそれだけではなかったはずだ。その日のゲストが次のゲストの名前を明かさず電話をしたときの、まずどのような声が聞こえてくるのかというワクワク感、そしてその声の主が誰であるのかわかったときの驚きといった興奮がなければ、面白さは半減したように思う。そこには、「いったい誰につながるのだろう？」というような、予測できないからこそ生まれる人と人との「つながり」の魅力があった。日本テレビ（当時）の徳光和夫と小林完吾、ＴＢＳの安住紳一郎といった他局のアナウンサーが局の壁を超えて出演したケースなどは、その一例だろう。

広場としての『いいとも！』

そしてそんな「つながり」の魅力は、「テレフォンショッキング」だけのものではなかった。むしろ『いいとも！』という番組全体が、さまざまにつながることをベースに成立していたと言っていい。

ジャンルを超えたレギュラー出演者の組み合わせも、そうした「つながり」の例だろう。

たとえば、２０００年頃の月曜日のレギュラーは、香取慎吾、柴田理恵、極楽とんぼ、橋田壽賀子だった。それまでバラエティ番組とは縁のなかった大御所脚本家・橋田壽賀子と同じ場に、なにをするかわからない過激な芸風が特徴だった極楽とんぼがいるという図だけでもミスマッチの面白さがあった。実際、マイペースで臆する様子もなかった橋田壽賀子に対し、極楽とんぼがいきなりその体を持ち上げるいたずらを仕掛けたこともあった。

橋田壽賀子に関しては、江頭2：50の「キス事件」もあった。ゲストでコーナーの進行役として登場した江頭2：50を見た橋田が、よほど興味があったのか江頭2：50がトルコで裸になって物議を醸した騒動に何度もふれたため、思うように進行できず困った江頭が橋田にキスをして文字通り口を封じようとしたのである。慌てて香取慎吾や極楽とんぼが引き離したものの、これで江頭2：50は『いいとも！』〝出禁〟になった。確かにやりすぎの感は否めないが、これもお笑いやバラエティとは無縁の世界にいた橋田壽賀子がレギュラー出演していた『いいとも！』だったからこそ起こり得たハプニングだろう。

また『いいとも！』には、外国人の出演者も多かった。レギュラー出演者だけでも、デーブ・スペクター、ケント・デリカット、オスマン・サンコンなどがいた。その出演に至る経緯がまた興味深い。

小林豊によると、こうした外国人出演者は、みなオーディションで選んでいた。番組のデスクに「コバヤシサン、イマスカ？」という電話がよくいきなりかかってきて、小林につないでもらえないかと言ってくる。もちろんその時点では、全員素人である。そのなかからいま挙げたような外国人たちがオーディションに合格し、スターになっていった。[*3]

電話と言えば、「テレフォンショッキング」において間違い電話がきっかけで一般の素人が3日続けて出演したことがあるのはすでにふれた通りだ。募集していたわけでもないのに電話してきた外国人が出演者になっていったというこのエピソードを聞くと、番組制作の裏側でもそれに類したハプニングが起こっていたことがわかる。それもまた、「テレフォンショッキング」の場合と同様に意図せぬ「つながり」が生んだものであった。

一方で、仲良くワイワイやる輪に入ることが苦手な出演者もいたに違いない。だがそうした出演者にとっては、タモリがいた。「グランドフィナーレ」で出演者が口々に語ったように、タモリは、どんなひとでもすべてを受け入れる「怒らない」司会者だった。そしてそれぞれの相手に応じて絶妙な距離感をつくり出し、出演者の思わぬ個性を引き出した。

そのうえでハブのような役割を担い、誰でもそこにいられる雰囲気を番組全体に醸し出していた。

　モデルで俳優の栗原類は、テレビに出演してもとりわけ物静かで、自分から他人に積極的に絡んでいくことはめったにない。そうしたところが「ネガティブモデル」として逆に人気にもなった。ただ本人は、それをダメだとは思っていないし、自分を崩したくはないと考えてもいる。[*4]

　そんな栗原類も２０１２年10月から番組終了までの１年半、『いいとも！』のレギュラーを務めた。そのなかで、基本的な自分のスタンスは崩さない一方で、年末のスペシャルで披露される番組恒例のレギュラー出演者による物真似では、イメージとは１８０度異なる江頭２：50に扮してあっと驚かせてくれた。そこには、彼だけの馴染みかたがあった。

　以上のことから見えてくるのは、ここまで何度かふれてきた『いいとも！』の広場性である。

　たとえば学校や家族といった集団には一定の社会的役割があり、そこに属するためにはなんらかの条件があるとされている。その条件は法律で定められていたり、伝統や慣習で決まっていたりとさまざまだ。だがいずれにせよ、場合によっては、それに馴染めないとか、窮屈に感じるひとたちもいるだろう。

それに対し、広場は本質的にどんなひとも許容し、包摂する場所である。そこでは、職業や地位、国籍、性別、年齢など属性だけでポジションが決まるわけではない。出入りも基本的に自由だ。『いいとも！』は、そんな広場的空間であった。

そうした場づくりにあっては、番組立ち上げから携わったプロデューサー・横澤彪の存在も大きかった。再び小林豊の回想によれば、横澤彪は「一切自分の考えにハメようとしなかった」。『いいとも！』は、曜日ごとにディレクターが違った。したがって曜日によってテイストも異なっていたが、ディレクターのやりたいことに関して、横澤は「どうぞお好きなように」ときわめて寛容だった。[*5] ある意味、スタッフにとっても『いいとも！』は広場的空間だったわけである。そうした点で、タモリと横澤彪は共鳴し、『いいとも！』という広場をそれぞれの立場からともに支えていた。

タモリという生きかた

このように「『いいとも！』は広場である」と考えるとき、番組がそこから全国へ向けて放送された新宿という場所が紡いできた歴史にも思いが至る。

長く新宿は、敗戦直後の雑然とした雰囲気の残る街だった。いち早く始まった闇市から歌舞伎町へと引き継がれた歴史が、そう感じさせたのだろう。闇市であれ歌舞伎町であれ、影の部分もあるとはいえ、そこにはどんな人びとも分け隔てなく受け入れる広場的な側面がある。1980年に開業した新宿アルタも、かつて闇市のあった新宿東口の駅前にある。当時は時代の最先端を行く情報発信基地だったアルタもまた、戦後の新宿が紡いできた歴史的基盤の上にあった。

タモリはそんな新宿の戦後史におけるつながりを体現する役回りを与えられた。改めてその半生をたどってみると、そこには偶然の一言では片づけられないものを感じてしまう。1945年8月22日という終戦からわずか1週間後に生まれた森田一義、すなわちタモリの人生は、まさに戦後とともにある。

そのタモリには、新宿と浅からぬ縁があった。前述のように、福岡から上京し、そこで漫画家・赤塚不二夫にたちまち気に入られたタモリは、赤塚のマンションで居候生活をしながら夜な夜な新宿歌舞伎町のスナック「ジャックの豆の木」で仲間と遊び暮らす生活を始める。「居候してたときが俺の人生の中で一番楽しかった」とタモリは述懐する。[*6] 少なくともその時点では、タモリにとってタレント業はそうした根無し草生活の延長線上のものにすぎなかった。

さかのぼれば、タモリの根無し草人生は学生時代からすでに始まっていた。早稲田大学の学生時代、タモリの生活の中心は「モダンジャズ研究会」のサークル活動であり、そこでは司会者兼マネージャーとして全国を演奏旅行で回る日々だった。[*7] その時点から、ひとつの場所に長くとどまることなく移動し続ける人生だったわけである。

そんなタモリの人生は特異と言えば確かに特異だが、戦後日本社会のひとつの理想を反映している面もある。

たとえばそのことを、「戦後民主主義」という側面から考えてみることもできるだろう。

ただしここで言いたいのは、政治面というよりもむしろ、文化面における自由の実現を支えるものとしての戦後民主主義的な価値観のことである。言い換えれば、個としての生きかたの充足を最優先させる価値観である。

　そうした個に重心を置く文化的な自由は、たとえばジャズに具現された。そこにも新宿は登場する。タモリを見出した山下洋輔らが始めたフリージャズ。かつてその演奏拠点となったのもまた新宿のライブハウス「ピットイン」だった。そこでのフリージャズの演奏においては、形式やルールをいったん取り払ったところに生まれる、個々の感性に基づいた自由な交流がなによりも重視された。

　タモリ自身にとってもそうしたジャズのセッションのような生きかたが理想であったことは、その人生の軌跡における数々のエピソードが物語っている。幼少時、みんな同じ振りつけで踊らなければならないお遊戯が嫌で幼稚園への入園を拒否した話、学費のための仕送りを友人との旅行のために使ってそのまま放置しておいたため大学を抹籍になったが、それをそのまま受け入れた話、そして山下洋輔らの招きで東京に来る直前に次の当てもないのに福岡で仕事をやめてしまっていた話など、これほど形式やルール、世間の常識に縛られることをよしとせず、それらから徹底して距離を取ろうとしてきた人生もあまりないだろう。

もうひとつの「つながり」——戦後民主主義とテレビ

そして1970年代後半、タモリはなんとなく足を踏み入れたと思《おぼ》しき芸能界で頭角を現し、1980年代前半、新宿の新たなシンボルとなったアルタで『いいとも！』は始まったのだった。

タモリが世に登場した1970年代後半から『いいとも！』が始まった1980年代前半は、生活スタイルという点で戦後日本社会の大きな曲がり角だったように思える。戦後の焼け野原から再出発した日本社会は、「復興」を合い言葉に一直線に突き進んだ。そして高度経済成長によってその目的は予想以上に達成された。平均して豊かになった日本人には、「一億総中流」と言われるような状況がもたらされた。そうして経済的余裕が生まれたとき、人びとは趣味や娯楽、レジャーにお金を使うようになる。その流れが本格化したのが、1980年前後のことだった。

そこには、若者を中心に独特の文化的風土も生まれた。生真面目で深刻ぶることを拒絶し、ありとあらゆるものを記号化してそれと戯れる。そうした若者は「新人類」と呼ばれた。つまり、すべてを笑いに変えてしまうような徹底した遊びの文化である。それがタモリを受け入れる土壌となったことはいうまでもない。

テレビは、そうした文化をリードした。1980年代初頭の漫才ブームをきっかけに、フジテレビが「軽チャー」路線で全盛を極めた。ビートたけしや明石家さんまといった芸人たちが、単なる演芸という枠を超えて若者の尊敬の対象になり、時代のシンボルのような存在になった。

たけし、さんまと並んで「お笑いビッグ3」のひとりに数えられたタモリも、もちろんそうである。だが厳密には、タモリの立ち位置は他の2人とは少し違っている。

それは、バックグラウンドの違いから来るものだろう。「お笑いビッグ3」のうち、明石家さんまとビートたけしには、芸風と密接な土着的つながりがある。さんまは関西出身、いわゆる「吉本の笑い」の権化のような存在だ。そしてたけしは、東京の下町出身であり、芸人としての修業を積んだのも浅草だった。2人はそれぞれ関西弁、そして下町言葉を駆使し、各々の風土からくる笑いのエッセンスを芸に昇華させ、現在の地位を築いた。

それに対し、タモリの場合は、そのような土着的要素との結びつきがきわめて薄い。むろん出身地福岡への愛着は端々に感じられるが、それが芸に直結している感じはほとんどない。そもそもタモリの人生自体が根無し草的である。そして、でたらめ日本語であるハナモゲラ語にせよ、あるいはかつての名古屋批判にせよ、むしろそのような土着性を排除したところにタモリという芸人の立ち位置はある。

こうした土着性からの解放は、戦後民主主義が求めたひとつの理想だった。土着文化の一面としてある古くからのしきたりがもたらす束縛から脱し、個の自由を実現すること。それが、戦後民主主義が指し示した希望だった。しかし、言うは易《やす》く行うは難し。実際、そんな生きかたを貫き通せる人間はまれである。だがタモリは違った。そうした戦後民主主義にとっての理想の生きかたをいともたやすく軽々と実現しているように見えた。

ただ、そんなタモリの魅力は、ラジオの深夜放送『オールナイトニッポン』を聴く若者たちなど、1970年代後半にはまだ一部の人びとにしか伝わっていなかった。ところが、横澤彪による『いいとも!』への司会抜擢によって、その魅力は大きく世の中に伝わることになり、『いいとも!』という番組もまた約32年にわたって続く長寿番組になった。

つまりそこで、タモリという存在を媒介にして戦後民主主義とテレビは歴史的な出会いを果たした。そしてそれは、『いいとも！』という番組が実現したもうひとつの大きな「つながり」でもあった。戦後民主主義は、そうしてテレビのなかに生き続けることになったのである。

『いいとも！』が指し示すテレビの未来

いまや『いいとも！』終了から年月が過ぎ、10年を迎えようとしている。10年と言えば、かなりの時間だ。しかしそれでもなお、『いいとも！』の復活を望む気持ちが私たちのなかにあるとすれば、それはここまで述べてきたような重層的な「つながり」がもたらす魅力が現在のテレビから失われつつあるように私たちが感じているからだろう。

確かに、テレビに代わって近年はインターネットの世界がつながりの魅力を与えてくれるものになってもいる。ネット、たとえばSNSには、テレビ以上に送り手と受け手とのあいだに親密な近さの感覚がある。コメントやチャットなどを通じて双方がリアルタイムで気軽にコミュニケーションを取ることもできる。その様子は、『いいとも！』において、出演者と観客とが番組中にやり取りをしていた姿を彷彿《ほうふつ》とさせる。その意味で、『いいとも！』とインターネットのコンテンツには重なる部分があるし、それが本章冒頭でふれた調査のように、10代、20代の若い世代も復活を望む結果につながっているのかもしれない。

ただ、違いもある。すべてがそうではないが、インターネットのつながりには閉じていく傾向がある。ネット動画を中心に生まれる趣味のコミュニティなどは、まさにそうだろう。あるいは、アイドルなどが行う生配信におけるファンのコミュニティなどもそうだろう。オタク化する社会においては必然なのかもしれないが、趣味嗜好《しこう》を同じくする同好の士は集まりやすいものの、インターネットのコミュニティには新たなつながりのための余白が、その分あまりない。

それに対し、『いいとも！』にはそうした余白が豊富にあった。出演者であれ観客であれ、はたまた視聴者であれ、そこに入っていける広場として常に開かれていた。その違いは大きい。

テレビは、インターネットに対して設備や予算面の違いなどからくる大がかりなセットや中継、豪華な出演者など、規模の優位性をしばしば主張してきた。しかしそれは、19

80年代以来お祭り化したテレビにおいて重視されてきた価値観の名残にすぎないとも言える。いまや日本社会自体も、集団の一体化した高揚よりは個の充実のほうに比重を移しつつある。インターネットがここまで急速に普及したのも、さまざまな利便性の高さに加えて、SNSなどで個が気軽に発信できるプラットフォームを提供してくれたからにほかならない。

いま社会もメディアもともに、根本から変わる時期に来ている。本放送開始から70周年を迎えたテレビももちろん例外ではない。ただ、テレビはこれまでの時代で大衆文化の中心にあったがゆえに、変わる難しさのなかでもがいている印象も受ける。その試行錯誤のなかで、テレビがインターネットの世界と競合するのではなく共存していこうとするのであれば、インターネットとも「つながり」得る可能性を拓くものとして、『いいとも!』が有していた開かれた広場性の価値を改めて正当に評価すべきなのではないか。そこには、テレビの未来が指し示されている。そう思えるのである。

おわりに　テレビが初めて迎える「戦前」

タモリが口にした「新しい戦前」

２０２２年12月28日放送の『徹子の部屋』にタモリが出演した。年末、その年の最後の放送のゲストとしてタモリが登場するのはこの番組の恒例でもある。このときも例年通りタモリの近況や面白エピソードなどさまざまな話題が繰り広げられた。そして番組が終わりに近づいたところで、黒柳徹子が「来年はどんな年になりますかね？」とタモリに尋ねた。

それ自体は挨拶代わりのような質問で、いくらでも当たり障りのない返答をすることができたはずだ。だがタモリは、「これは誰にも予測できないですよねー。でも、なんて言うかなあ」とそこでひとつ間を置き、こう言った。「新しい戦前になるんじゃないですかねえ」。ただ、その表情は見る限り深刻ぶったものではなく、顔にはあのタモリならではの「ニヤッ」とした笑みを浮かべていた。

この場面はすぐに次の場面に切り替わったので、タモリが「新しい戦前」という言葉で具体的になにを言おうとしていたのかはわからない。同じ2022年に放送された『タモリステーション』というMCを務める冠番組でウクライナ侵攻を特集したこともあっただけに、そうした昨今の国際情勢が念頭にあったと推測できなくもない。

ただ、そこでのタモリは自分の冠番組でありながらほとんど自ら発言せず、その沈黙自体がSNSなどでも話題になった。実際、これまでタモリが公の場で政治的発言をしたことはまったくと言っていいほど記憶にない。「新しい戦前」という言葉にも、少なくとも狭義における政治的なニュアンスはないように思えなくもない。とはいえ、やはり「戦前」という言葉がタモリの口から発せられた事実には無視できないインパクトがあった。

では、2023年が「新しい戦前になる」という発言、裏を返せば2022年をもって「これまでの戦後が終わった」というふうに受け取れるこの発言は、具体的にどうとらえればよいのだろうか？

本書の観点から言えば、それはテレビについてのものと解釈することができるかもしれない。実はこの日の『徹子の部屋』のなかで話題のひとつになっていたのも、まだ幼かった頃のタモリ、すなわち森田一義少年の家に初めてテレビが来た日の騒動のことだった。

タモリが生まれたのは1945年8月22日、すなわち終戦のわずか1週間後である。いわば戦後史の生き証人であるタモリが語る「テレビがわが家に来た日」は、興味深くあると同時に戦後史におけるテレビの存在の大きさを改めて物語るものだった。であるとすれば、「これまでの戦後が終わった」というのは、「これまでのテレビが終わった」という意味だと受け取ることもできるのではあるまいか？

テレビの青春を引き継いだタモリ

ここまで、『いいとも！』という番組について多くの言葉を費やしてきた。そこにはむろん、テレビ番組としての絶大な魅力、いまもなお折にふれ話題になるその魅力を振り返り、再確認したいという気持ちがあった。だがそのうえで最終的に言いたかったのは、『笑っていいとも！』とは戦後日本のエッセンスを具現したような番組だったのではないかということだ。

ここで少しテレビの歴史を振り返ってみよう。

1950年代後半から始まる高度経済成長期が戦後日本の血気盛んな青春期だったとすれば、テレビの青春期もそれに重なっていた。

テレビの本放送開始は1953年。当時はまだ、先行する映像娯楽メディアである映画の勢いは衰えていなかった。その映画業界からは「電気紙芝居」などと揶揄されながらも、新興メディアのテレビにはエネルギーを持て余したような多くの若者が集まった。

たとえば、高度経済成長期からテレビで活躍した放送作家・タレントの永六輔、同じく大橋巨泉、そして俳優・タレントの黒柳徹子などは、いずれも1930年代生まれで若くして黎明《れいめい》期のテレビの世界に入って来た人たちである。それぞれにどこか常識からはみ出すような個性を持った人びとであり、個々の事情は異なるにせよ、テレビはそうした若者が自然にたどり着く一種の坩堝《るつぼ》になっていた。

1933年生まれの永六輔は、戦後間もなく始まった人気ラジオ番組『日曜娯楽版』（NHK、1947年放送開始）で有名な放送作家・音楽家の三木鶏郎《とりろう》の弟子筋の人間として放送作家になり、1961年に始まった人気バラエティ番組『夢であいましょう』（NHK）の作・構成として大きく頭角を現す。この番組から生まれた坂本九の大ヒット曲「上を向いて歩こう」（1961年発売）の詞を書くなど、作詞家としても一世を風靡《ふうび》した。

また1934年生まれの大橋巨泉も、ジャズ評論家だったことがきっかけで放送作家としてテレビに関わるようになる。そして1965年に始まったテレビの深夜番組の草分け『11PM』（日本テレビ系）の司会者に就任、「野球は巨人、司会は巨泉」という自ら発案したフレーズで一躍有名になった。その後も『クイズダービー』（TBSテレビ系、1976年放送開始）を自身で企画、司会をするなどタレントとして長く活躍することになる。

そして1933年生まれの黒柳徹子は、NHK放送劇団所属の俳優として芸能活動をスタート。ドラマや人形劇の声優などで人気を博し、『夢であいましょう』にもメインキャストとして出演した。その一方、代名詞となった早口で流暢なトークが早くから注目され、1958年には25歳にして『NHK紅白歌合戦』の紅組司会を務めた。『徹子の部屋』は、1976年に放送が始まったものだ。

タモリは、こうした人びとが築いたテレビを引き継いだ。実際、この3人とは縁も深い。

まだ怪しげな「密室芸人」のイメージだったタモリを、永六輔は自らも出演するNHK、しかもゴールデンタイムのバラエティ番組『ばらえてぃ　テレビファソラシド』のレギュラーに抜擢して世間を驚かせた。

大橋巨泉は、タモリと同じ早稲田大学に通い、ジャズに造詣が深いという共通点もある。当時の定番ではあるが、タモリもよく巨泉の物真似をしていた。ビートたけしが出演した『いいとも！』最終回の「テレフォンショッキング」でも、偶然会ったタモリに巨泉が「（タモリの番組に）出てやる」といきなり上から目線で言ったときの様子を物真似入りで面白おかしく語っていた。

タモリが本当の駆け出しの頃、テレビ出演2回目という異例の早さで出演したのが『徹子の部屋』だった。タモリによれば、その時点ではほぼ素人同然。黒柳徹子とはそのとき以来のつながりで、『徹子の部屋』以外にもよく共演している。1983年の『紅白』でタモリが総合司会に抜擢された際、紅組司会だったのも黒柳徹子だ。

タモリに見るテレビの成熟

ただ、タモリがテレビの世界に入って来たとき、すでに戦後日本の青春、そしてテレビの青春は終わりかけていた。

タモリが新宿のスナック「ジャックの豆の木」の常連たちに呼ばれて上京したのが1975年。奇しくも、20年ほどに及ぶ長い高度経済成長期が終わりを迎えた頃である。経済成長のおかげで国民は平均して豊かになったものの、「しらけ世代」と当時の若者が呼ばれたように、世の中にも醒めた雰囲気が漂っていた。

そしてタモリもまたサラリーマン経験もある30歳の成人男性で、すでにエネルギッシュな若者とは言いがたかった。これもくだんの『徹子の部屋』での発言だが、そもそもタモリは、若者時代に「なにかになりたい」と思ったことはなかったという。強くこの仕事に就きたいと考えたことは、ずっとなかった。

唯一持ち合わせていたのは、徹底的にふざける精神だった。ふざけることは、醒めていることと一対のものだろう。そして深刻で真面目ぶったものの偽善性を心底嫌うタモリにとって、あらゆるものはパロディの対象になった。

1970年代後半から1980年代初頭にかけてタモリが発表したアルバムには、そのエッセンスが詰まっている。

初アルバム『TAMORI』（1977年発売）には、でたらめ日本語で相撲を実況する「ハナモゲラ相撲中継」やラジオ番組「ひるのいこい」のパロディなど、NHKの真面目臭さを皮肉るもの、架空の大学・中洲産業大学教授に扮しての「教養講座〝日本ジャズ界の変遷〟」のように大学の権威をパロディ化したものが収められた。

また3枚目のアルバム『TAMORI3―戦後日本歌謡史―』（1981年発売）は、戦後の歌謡史をそのままパロディにしたものだった。1945年、マッカサ（マッカーサー）が薄木（厚木）に到着したところから始まり、戦後の世相を「ハラをサイタ」（「バラが咲いた」）などヒット曲のパロディとともに綴《つづ》るその内容は、過激さゆえに当初発売禁止になったほどだった。

こうした強烈なパロディ精神を、永六輔の『夢であいましょう』や大橋巨泉の『11PM』のようなテレビの先達が築いたバラエティショーのスタイルと融合させたのが、1981年に始まった『今夜は最高！』だと言えるだろう。そこでは、夜の雰囲気を漂わせる音楽やトークとともに、洋の東西を問わず名作映画やドラマのパロディが毎回のように披露されていた。

ここには、青春というよりは、成熟したテレビの姿がある。ある意味、〝大人〟のテレビだ。ただしそれは、いわゆる分別を身につけるという意味での「大人になること」では決してない。世間的な常識やルールを徹底して疑い、それを一ひねりして似て非なる異形のものに変えてしまうところにタモリの笑いの本領はあったと言えるからだ。むしろ分別をいかに戯画化し、ひいては無力化するかが、タモリの目指すところだった。

「わからない」層と80年代テレビ

別の言いかたをすれば、タモリの笑いは批評としての笑いであり、したがって笑いにおいて知的であることと表裏一体だ。そしてそこに目をつけたのが、『いいとも！』立ち上げの中心人物であるフジテレビ（当時）の番組プロデューサー・横澤彪だった。すでに述べたように、横澤は「笑いとは本来知的なものである」という固い信念を抱いていた。

横澤彪は、1937年生まれ。新聞記者だった父親の仕事の関係で、幼い頃から引っ越しを繰り返した。生まれたのは前橋。そこから長野、東京、新潟、秋田、横浜、千葉、そして再び東京と、大学入学まで転校に次ぐ転校の日々だった。[*1] 芸能人になるまでさまざまな場所を転々としたタモリと同様、横澤彪もまた「流浪のひと」だったわけである。

大学は、1年間の浪人の後、1958年、東京大学文科二類に合格した。入学後は、授業、麻雀、酒、赤線の日々だったという。だが横澤が3年生になる頃、日本社会は学生を巻き込む〝政治の季節〟に突入する。1960年、すなわち安保闘争の年である。

他の多くの学生に倣い、横澤彪もデモなどに参加はしていた。しかし、「どこかで政治的なものに拒否反応を抱いていた」横澤は、「ノンポリでもいいと思っていた」[*2]。

社会学科に進んだ横澤彪が選んだ卒論のテーマは「日本における社会運動の歴史」という、いかにも安保闘争の時代にふさわしいものだった。しかし、元々政治的なものへの関心が希薄だった横澤が取り組むテーマとしては無理があった。その結果論文もまとまらず、留年することになってしまう。内定していた就職先も友人に譲ってしまった。

その轍《てつ》を踏まぬよう、翌年横澤は卒論のテーマを変えた。新しいテーマは、「戦後日本の世論調査におけるD・Kグループの分析」。「D・K」とは「Don't know」の略。世論調査やアンケートの際に、質問に対して「はい」でも「いいえ」でもなく「わからない」

と答える層のことである。

それは、日米安保条約をめぐって激論が繰り広げられるような〝政治の季節〟においては賛成・反対、どちらの側からも許されない答えかただった。「わからない」と答える人たちは、「世の中のことをちゃんと考えていない」無関心な人間として非難の対象になる。

しかし、「わからない」と答える層が必ずしも不定見なわけではない、と当時の横澤彪は考えた。「わたしには、『わからない』と答えると、なぜそれが即政治的無関心と見なされてしまうのかが、よくわからなかった。世の中には、『わからない』と答えなければいけないことはいっぱいあると思った」。「いや、もっと積極的に、この『わからない』と答える層のなかに、時代の明日を暗示するような、なにか新しい意味が隠されているのではないかとさえ考えた[*3]」。

そして年月が経ち1980年代になったとき、横澤彪はこのときの卒論にテレビプロデューサーとしての自らの原点を見る。「事実、テレビを筆頭に、あらゆる文化が共有され、こわされていくいまの時代にあっては、『わからない』層が主役であり、変化を作り出し、引き受けていく[*4]」。横澤にとって「わからない」層こそが、見てもらうべき視聴者だったのである。

「わからない」層とは、経済的豊かさを基盤にした戦後日本における精神的な浮動層と言えるだろう。タモリや横澤彪が「流浪のひと」であったのと同様に、「わからない」層は根無し草的感性を有し、自らのアンテナだけを頼りに社会を漂流する。そうした人びとが主役となり、「変化を作り出し、引き受けていく」ようになったのが1980年代だった。

言い換えれば、そうした人びとは、「わからない」ことを「わからない」まま受容し、その宙吊《ちゅうづ》り感を楽しむ術《すべ》を心得ていた。そしてその感性は、とりわけ笑いに敏感に反応した。なぜなら、漫才ブームをはじめとした当時の新たな笑いは、従来の笑いを破壊し、ひいては世の中の常識や既成概念を破壊していくようなもの、つまり「わからない」面白さを追求するものだったからである。

タモリの笑いを支持したのも、そうした人びとだっただろう。「わからない」とは、既存の主義主張に賛成にせよ反対にせよすぐに意思表明するのではなく、それ自体と距離を取ることでもあるからだ。それはあらゆるルールを嫌い、ルールが求める二分法の「中間」にあることを常に意識するタモリの感性、そしてそこから生まれるパロディの笑いと相性ぴったりのものだった。

こうして、1980年代のテレビバラエティ、その代表としての『いいとも！』は、戦後日本が生み出し、あるときまでは時代の片隅に追いやられていた「わからない」層を時代の中心へと導き、そのパワーを可視化したのである。

「戦前」を「戦後」に反転させるために

しかし、タモリの口にした「新しい戦前」の見立てが正しいとすれば、そのように戦後日本とテレビが築き上げてきた笑いの文化はいま大きな区切りのときを迎えていることになる。テレビも本放送開始から70年を超え、新しいサイクルに入ったということだ。

戦後生まれのテレビにとって、「戦前」は初めての経験、いわば未知の領域だ。では、そのときテレビになにができるのか？

それは、『いいとも！』が具現した自由さを、より現代の日本に即したかたちで再現することだろう。

「テレビが規制によってつまらなくなった」という声がある。コンプライアンスを重視するあまり、以前なら許されていたような過激な表現ができなくなったから、というわけである。特にバラエティに関してそういう声は多い。

確かにその意味では、「なんでもあり」だったかつてに比べれば、不自由になったと言えるかもしれない。だがいま感じる〝不自由〟とされる状況には、たとえばLGBTQと呼ばれる性的マイノリティの権利など、かつては不当に軽視された人びとの自由を保障するためのものという側面がある。そうした点を深く思慮したうえで、テレビに自由を取り戻すことが必要だろう。

『いいとも！』には、当時の、いわゆる「昭和」の価値観を反映した旧《ふる》い部分もあった。しかし他方で、「怒らない」タモリが体現していたように、多様な個人のありかたを認めるきわめて寛容な空間でもあった。そこには成熟した自由の空気があった。そしてそれこそは、戦後とテレビの合作による次世代への果実、テレビの可能性であったはずだ。

だから私には、単なる懐古気分からだけでなく、『いいとも！』にもう一度きちんと目を向けることがとても大切なことに感じられる。そのことが、タモリ自身の〝予測〟をも超えて、「戦前」を「戦後」に反転させることにつながるように思えるからである。

註

【はじめに】

＊1　「ガベージニュース」２０２３年6月1日付け記事
＊2　総務省『令和2年　情報通信白書』
＊3　「デイリー新潮」２０２２年12月19日付け記事
＊4　高平哲郎『今夜は最高な日々』新潮社、２０１０年、１２２―１３０頁

【第1章】

＊1　赤塚不二夫『赤塚不二夫対談集　これでいいのだ。』ＭＦ文庫、２００８年、22―23頁
＊2　「宝島」１９８４年1月号、53頁
＊3　同前、53―54頁
＊4　前掲『今夜は最高な日々』１３７頁
＊5　前掲「宝島」１９８４年1月号、53―54頁
＊6　同前、57―58頁
＊7　横澤彪『テレビ式―ヒットを生む発想と行動』講談社文庫、１９８７年、18―19頁

【第2章】

＊1　横澤彪『犬も歩けばプロデューサー―私的なメディア進化論』日本放送出版協会、1994年、112頁

＊2　ちなみにこれは台本ではなく、アドリブだったらしい。タモリは、「いいとも」コールをやったら20万円もらう約束を番組プロデューサー・横澤彪と事前にしていた。横澤彪『バラしたな！　ハイざんげ―テレビおじさんオフレコ日記』フジテレビ出版、1984年、48―52頁

＊3　「週プレNEWS」2014年3月10日付け記事

＊4　前掲『テレビ式』156―157頁

＊5　同前、155―156頁

＊6　前掲『犬も歩けばプロデューサー』128―129頁

＊7　「週プレNEWS」2015年4月25日付け記事

【第3章】

＊1　タモリ『タモリのおじさんは怒ってるんだぞ！』徳間書店、1984年、217頁

＊2　筑紫哲也ほか『若者たちの神々Ⅳ』新潮文庫、1988年、16頁

＊3　小林信彦『笑学百科』新潮社、1982年、103頁

＊4　前掲『若者たちの神々Ⅳ』18頁

＊5　同前、19頁
＊6　同前、22頁
＊7　「タモリ先生の午後。」第1回「変わってないですね」『ほぼ日刊イトイ新聞』など
＊8　『an・an』1984年9月21日号。前掲『犬も歩けばプロデューサー』より引用

【第4章】

＊1　読売新聞芸能部編『テレビ番組の40年』日本放送出版協会、1994年、379頁
＊2　高田文夫、笑芸人編集部編著『完璧版　テレビバラエティ大笑辞典』白夜書房、2003年、138―139頁
＊3　高田文夫『笑うふたり―語る名人、聞く達人　高田文夫対談集』中央公論社、1998年、122―123頁
＊4　同前、119頁
＊5　「広告批評」1986年3月号、45頁
＊6　ナンシー関『信仰の現場―すっとこどっこいにヨロシク』角川文庫、1997年、55―56頁
＊7　同前、57頁

【第5章】

＊1　深川英雄『キャッチフレーズの戦後史』岩波新書、1991年、3頁

*2　「PHILEWEB」２０１２年12月17日付け記事
*3　扇田昭彦『日本の現代演劇』岩波新書、１９９５年、23―29頁
*4　同前、30―32頁
*5　相倉久人『至高の日本ジャズ全史』集英社新書、２０１２年、１６５―１６６頁、および「TAP the POP」２０１８年10月11日付け記事
*6　山下洋輔『へらさけ犯科帳』晶文社、１９９８年、２２０―２２１頁
*7　前掲『赤塚不二夫対談集　これでいいのだ。』27―28頁
*8　橋口敏男『新宿の迷宮を歩く―３００年の歴史探検』平凡社新書、２０１９年、61―62頁
*9　「歌舞伎町文化新聞」２０２１年８月12日付け記事
*10　前掲『赤塚不二夫対談集　これでいいのだ。』８頁
*11　手塚マキ『新宿・歌舞伎町―人はなぜ〈夜の街〉を求めるのか』幻冬舎新書、２０２０年、４頁

【第6章】

*1　瓜生吉則「『女子アナ』以前　あるいは〝一九八〇年代／フジテレビ的なるもの〟の下部構造――露木茂氏インタビューから」、長谷正人・太田省一編著『テレビだョ！全員集合―自作自演の１９７０年代』（青弓社、２００７年）所収、１９８頁
*2　同前、１９９頁
*3　これは、ディレクターのひとり、星野淳一郎のアイデアだったという。吉田正樹『人生で大切なこ

とは全部フジテレビで学んだ―『笑う犬』プロデューサーの履歴書』キネマ旬報社、2010年、281頁

＊4　前掲『犬も歩けばプロデューサー』86頁

＊5　前掲「宝島」1984年1月号、53頁

＊6　『80年代テレビバラエティ黄金伝説』洋泉社、2013年、16頁

【第7章】

＊1　北野武編『コマネチ！　ビートたけし全記録』新潮文庫、1999年、73頁

＊2　ビートたけし『浅草キッド』新潮文庫、1992年、15頁

＊3　北野武『余生』ソフトバンク文庫、2008年、143頁

＊4　同前、156頁

【第8章】

＊1　「スポーツニッポン」2014年3月31日付け記事

＊2　『伯山カレンの反省だ!!』（テレビ朝日系）、2021年3月13日放送回

＊3　『ダウンタウンなうSP』（フジテレビ系）、2016年1月15日放送回など

＊4　「RBB TODAY」2021年11月10日付け記事

＊5　『志茂田景樹―カゲキ隊長のブログ』No.309、2014年3月31日掲載分

【第9章】
＊1 「シネマトゥデイ」2014年4月1日付け記事
＊2 「THE PAGE」2013年10月13日付け記事
＊3 「NEWSポストセブン」2014年2月27日付け記事
＊4 高須光聖オフィシャルホームページ「御影屋」における対談
＊5 同前
＊6 荒井昭博「テレビよもやま話 バラエティー天国②」、「京都新聞」1999年1月11日掲載記事
＊7 田原総一朗『結局、どうすりゃ売れるんですか。―ヒットメーカーに聞く、成功の秘訣』ぶんか社、1999年、56頁
＊8 前掲「テレビよもやま話 バラエティー天国②」、「京都新聞」1999年1月11日掲載記事
＊9 前掲「テレビよもやま話 バラエティー天国⑤」、「京都新聞」1999年2月1日掲載記事
＊10 『中居正広のSome girl' SMAP』2009年8月8日放送回
＊11 「AERA」2013年9月16日号

【終章】
＊1 「ORICON NEWS」2018年2月4日付け記事
＊2 「マイナビニュース」2022年10月3日付け記事

＊3　「マイナビニュース」２０２２年10月４日付け記事
＊4　「ＮＥＷＳポストセブン」２０１２年８月19日付け記事
＊5　前掲「マイナビニュース」２０２２年10月４日付け記事
＊6　前掲『赤塚不二夫対談集　これでいいのだ。』13頁
＊7　「早稲田ウィークリー」１９９７年４月17日付け記事

【おわりに】

＊1　前掲『テレビ式』２１５―２１６頁
＊2　同前、２３２頁
＊3　同前、２３４―２３６頁
＊4　同前、２３６―２３７頁

本書はウェブ「論座」（2022年2月10日〜12月6日）連載の「『笑っていいとも！』の時代」を元に加筆・修正したものである。

JASRAC　出　2400367-401

太田省一（おおた しょういち）

一九六〇年富山県生まれ。社会学者。東京大学大学院社会学研究科博士課程単位取得満期退学。テレビ、アイドル、歌謡曲、お笑いなどメディア、ポピュラー文化の諸分野をテーマにしながら、戦後日本社会とメディアとの関係に新たな光を当てるべく執筆活動を行っている。著書に『すべてはタモリ、たけし、さんまから始まった』（ちくま新書）、『SMAPと平成ニッポン――不安の時代のエンターテインメント』（光文社新書）、『紅白歌合戦と日本人』（筑摩選書）など。

「笑《わら》っていいとも！」とその時代《じだい》

集英社新書一二〇六H

二〇二四年三月二〇日 第一刷発行

著者……太田《おおた》省一《しょういち》
発行者……樋口尚也
発行所……株式会社集英社
東京都千代田区一ツ橋二-五-一〇 郵便番号一〇一-八〇五〇
電話 〇三-三二三〇-六三九一（編集部）
〇三-三二三〇-六〇八〇（読者係）
〇三-三二三〇-六三九三（販売部）書店専用

装幀……原 研哉
印刷所……大日本印刷株式会社 TOPPAN株式会社
製本所……加藤製本株式会社

定価はカバーに表示してあります。

ISBN 978-4-08-721306-5 C0276

Printed in Japan

a pilot of wisdom

集英社新書　好評既刊

ホビー・スポーツ——H

イチローUSA語録　デイヴィッド・シールズ編
チーズの悦楽十二カ月　本間るみ子
両さんと歩く下町　秋本 治
手塚先生、締め切り過ぎてます！　福元一義
食卓は学校である　玉村豊男
オリンピックと商業主義　小川 勝
ラグビーをひもとく 反則でも笛を吹かない理由　李 淳馹
東京オリンピック「問題」の核心は何か　小川 勝
「野球」の真髄 なぜこのゲームに魅せられるのか　小林信也
勝てる脳、負ける脳 一流アスリートの脳内で起きていること　内田 暁／小林耕太
羽生結弦は助走をしない　高山 真
羽生結弦は捧げていく　高山 真
「地元チーム」がある幸福 スポーツと地方分権　橘木俊詔
ジョコビッチはなぜサーブに時間をかけるのか　鈴木貴男
五輪スタジアム 「祭りの後」に何が残るのか　岡田 功
バーテンダーの流儀　城 アラキ
忘れじの外国人レスラー伝　斎藤文彦
MotoGP 最速ライダーの肖像　西村 章
落合博満論　ねじめ正一
猪木と馬場　斎藤文彦
「名コーチ」は教えない プロ野球新時代の指導論　髙橋安幸
アイスダンスを踊る　宇都宮直子
戦略で読む高校野球　ゴジキ
スポーツウォッシング なぜ〈勇気と感動〉は利用されるのか　西村 章

a pilot of wisdom

ノンフィクション――N

集英社新書　好評既刊

さらば東大　越境する知識人の半世紀
吉見俊哉　1195-B
都市、メディア、文化、アメリカ、大学という論点を教え子と討論。戦後日本社会の本質が浮かび上がる。

「おりる」思想　無駄にしんどい世の中だから
飯田 朔　1196-C
なぜ我々はこんなにも頑張らなければならないのか。深作欣二や朝井リョウの作品から導いた答えとは？

「断熱」が日本を救う　健康、経済、省エネの切り札
高橋真樹　1197-B
日本建築の断熱性能を改善すれば、「がまんの省エネ」やエネルギー価格高騰の中での暮らしがより楽になる。

おかしゅうて、やがてかなしき　映画監督・岡本喜八と戦中派の肖像
前田啓介　1198-N〈ノンフィクション〉
『日本のいちばん長い日』など戦争をテーマに撮り続けた岡本喜八。その実像を通して戦中派の心情に迫る。

戦雲《いくさふむ》　要塞化する沖縄、島々の記録
三上智恵　1199-N〈ノンフィクション〉
本土メディアが報じない、基地の地下化や弾薬庫大増設といった配備が進む沖縄、南西諸島の実態を明かす。

戦国ブリテン　アングロサクソン七王国の王たち
桜井俊彰　1200-D
イングランド王国成立前、約四〇〇年に及ぶ戦乱の時代に生きた八人の王の生涯から英国史の出発点を探る。

鈴木邦男の愛国問答
鈴木邦男　解説・白井 聡　マガジン9編集部・編　1201-B
元一水会代表・鈴木邦男の一〇年分の連載記事を七つのテーマ別に再構成。彼が我々に託した「遺言」とは？

ゴールデンカムイ　絵から学ぶアイヌ文化
中川 裕　1202-D
原作の監修者が物語全体を読み解きつつ、アイヌ文化を解説する入門書。野田サトル氏の取材裏話も掲載。

なぜ東大は男だらけなのか
矢口祐人　1203-E
なぜ東大生の男女比は八対二なのか？ ジェンダー史や米国の事例を踏まえ日本社会のあり方を問いなおす。

戦争はどうすれば終わるか？　ウクライナ、ガザと非戦の安全保障論
柳澤協二／伊勢﨑賢治／加藤 朗／林 吉永
自衛隊を活かす会 編　1204-A
軍事と紛争調停のリアルを知る専門家らが、「非戦」の理念に基づいた日本安全保障のあるべき姿勢を提示。